走进自己系列

The Neurotic Personality of Our Time

我们时代的神经症人格

[美] 卡伦·霍妮 著
霍文智 译

北京理工大学出版社
BEIJING INSTITUTE OF TECHNOLOGY PRESS

版权专有　侵权必究

图书在版编目（CIP）数据

我们时代的神经症人格 /（美）卡伦·霍妮著；霍文智译. — 北京：北京理工大学出版社，2019.1（2024.6重印）

ISBN 978-7-5682-6455-6

Ⅰ．①我… Ⅱ．①卡… ②霍… Ⅲ．①病态心理学—研究 Ⅳ．①B846

中国版本图书馆 CIP 数据核字（2018）第 250567 号

责任编辑：陈　玉	**文案编辑**：陈　玉
责任校对：周瑞红	**责任印制**：李　洋

出版发行 ／ 北京理工大学出版社有限责任公司
社　　址 ／ 北京市丰台区四合庄路6号
邮　　编 ／ 100070
电　　话 ／（010）68944451（大众售后服务热线）
　　　　　　（010）68912824（大众售后服务热线）
网　　址 ／ http://www.bitpress.com.cn

版 印 次 ／ 2024年6月第1版第5次印刷
印　　刷 ／ 天津明都商贸有限公司
开　　本 ／ 880 mm × 1230 mm　1/32
印　　张 ／ 8
字　　数 ／ 144千字
定　　价 ／ 65.00元

图书出现印装质量问题，请拨打售后服务热线，负责调换

序言 /1

第一章
神经症的文化与心理内涵 /7

第二章
为何谈起"我们时代的神经症人格" /22

第三章
焦虑 /31

第四章
焦虑与敌意 /48

第五章
神经症的基本结构 /64

目录 CONTENTS

第六章
对爱的病态需要 /83

第七章
再论对爱的病态需要 /95

第八章
获得爱的方式和对冷落的敏感 /113

第九章
性欲在爱的病态需要中的作用 /124

第十章
对权力、声望和财富的追求 /137

第十一章
病态竞争 /159

第十二章
逃避竞争 /176

第十三章
病态的犯罪感 /196

第十四章
病态受苦的意义 /221

第十五章
文化与神经症 /240

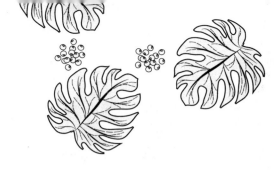

序言 | Preface

　　我之所以创作这本书,是试图对我们所处时代的神经症患者进行详尽的描绘,将他们的自我冲突、焦虑、痛苦的实际根源,以及在私生活和社交中所遭受的各种阻碍予以充分展示。我并不准备在此书中对神经症的任何特殊类型进行深入探讨,只对所有神经症患者在这个时代中透过各种形式所展现出的共同性格特征进行集中分析。

　　我将在书中着重探讨神经症患者实际面临的冲突,和他们为消弭冲突做出的尝试,以及他们真实存在的焦虑感,和他们为摆脱焦虑感所构建的防御机制。当然,这并不代表着我抛弃了"个人成长的童年期经历是神经症本质成因"的学术理念,但我并不认同从本质上将神经症患者的一切后期反应都视为其童年期经历的重复,也同样反对将关注点盲目投入到患者的童年时期,这种对患者实际境遇的重视,正是我与诸多精神分析作家的区别之处。在这里，需要说明的是，患者童年时期的经历与后期面临的冲突之间绝非简单的因果关系，它们往往比精神分析专家们的设想更加复杂。虽然童年时期的经历是导致神经症的决定性因素，但绝不能将其视为多种心理障碍的唯一因素。

当我们把实际的精神障碍当作最关键的问题时，我们不难察觉到我们所处社会及时代的独特环境是除偶然性个人经历外，导致神经症的另一个重要原因。实际上，在为个人经验增加额外影响之余，文化环境还从本质上决定了它们表现形式的特殊性：正如一个人的命运决定了他的母亲是强硬独断的，还是乐于为子女奉献自我的，但唯有依托于特定的文化氛围中，我们才有机会察觉母亲身上强硬独断或奉献自我的精神特质。此外，只有受到了这些文化环境的渲染，随之产生的个人经验才会对日后生活形成影响。

在文化环境之于神经症的重要影响被充分认识后，弗洛伊德所认为的神经症主要因素——生物因素和生理因素便随即成为次要因素，它们对患者的影响需要以大量精准的事实材料作为分析依据。

根据这样的理论倾向，神经症中的诸多基础问题都随之诞生了新的解读。纵然这些解读广泛包含如受虐狂、爱的病态需求、病态犯罪感的意义等多层面问题，但在病态性格倾向的形成中，焦虑感的决定性地位始终是这些问题的共同基础。

鉴于本书中众多观点与弗洛伊德的理论存在着差异乃至

相悖的情况，读者或许会质疑这些观点是否仍属于精神分析范畴。这取决于对精神分析法中核心概念的理解，若将弗洛伊德的理论视为精神分析学说的全部，那么本书中的一切观点都理应被排除在精神分析之外。但倘若认为精神分析应该以其部分基础思路作为依据，以此对无意识过程的作用及表现方式进行分析，通过心理治疗的途径将潜在过程意识化，那么此书中的众多观点和分析无疑均属于精神分析的范畴。在我看来，如果盲目遵从弗洛伊德的所有理论，那么，在神经症研究中，就会很容易走上将弗洛伊德理论进行主观套用的歧途，而这种做法显然是死板且错误的。只有不断丰富其搭建的理论框架，才是对弗洛伊德所做出的卓越贡献的最大敬意，同时，能够将精神分析的理论知识与治疗实践高度融合，推动其实现长远的发展目标。

以上表述同样解答了关于"本书理论是否与阿德勒式理论相一致"的困惑。可以说，虽然我的部分观点与阿德勒的一些理论存在类似之处，但弗洛伊德的理论依旧为我的理论提供了根基。而阿德勒的学说则恰好证明了这样一个道理：在心理过程的分析研究中，即使加入敏锐的洞察力和丰富的创造力，一旦脱离了弗洛伊德的理论根基，也会在片面的思路中逐渐偏离实际。

对众多精神分析学家的理论认同与否并非我创作本书的核心目的，因此，只有当涉及我的观点与弗洛伊德的理论存在较大分歧的问题时，我才会予以必要的解释。

我的所有理论都建立在对神经症长期分析研究的基础之上。但倘若要在本书中加入大量详细的神经症案例以佐证我提出的观点，无疑会让全书显得繁杂冗长，这也偏离了我"对神经症予以概括性综述"的创作宗旨。无论是精神分析专家还是业余读者，只要在生活中细致观察，便可以将我的理论与自己的发现进行比较，进而选择接纳、更正，或者拒绝的态度。

为了保持本书的流畅阅读体验，我在写作中尽量杜绝使用容易干扰思考的专业性词汇和对细节的过度阐述。尽管如此，这并不意味着关于神经症人格的理论研究是简单、直白的，尤其是对于非专业读者，需要在决定阅读本书前接受一切心理问题的复杂性与微妙性，而不是抱有查找准确答案的错误心理预期。

本书的目标读者既包括对神经症感兴趣的非专业人士，也包括长期从事与神经症相关的职业、了解神经症的专业人士；既包括精神分析学者，也包括教育和社会工作者，乃至逐渐认识到心理因素在各类文化研究中占据重要地位的人类学家及社会学家。本书同样寄希望于神经症患者本人，希望他们能够不在原则上将心理学视为对他们的强行侵犯并加以排斥，因为，与精神健康的人士相比，神经症患者通常能更好地依据自身承受的痛苦来领会人类心理的微妙与复杂多变。但遗憾之处在于，他们并不能通过阅读使自己摆脱困境，乃至治愈疾病，他们更容易看到他人的问题，而非自身的问题。

我希望借此机会对本书编辑伊丽莎白·托德女士，以及在本书正文中提及的诸位精神分析作家表达感激之情。此外，我希望能够向弗洛伊德献上最大程度的敬意，是他的理论成果为我们的精神分析工作赋予了坚实的基础和便捷的工具。同时，也真诚地感谢我的每一位病人，是他们的信任和共同合作促成了我对他们的全部了解。

卡伦·霍妮

第一章
神经症的文化与心理内涵

如今,我们早已习惯了随意而不假思索地运用"神经症"这个词汇,来表示对特定行为的反对,甚至在潜意识里流露出自身的优越感,尽管我们通常并不了解它的准确内涵。那些诸如懒惰、多疑、贪得无厌等带有准确指向的贬义词,在今天都可能被"神经症"这一称呼取代。虽然很难从词汇的语义上判断出明确的指代,但当我们选择运用这个词汇时,便已在无意识的情况下受到了某些标准的影响。

首先,拥有一套与绝大多数人截然不同的生活方式,是神经症患者的重要特征。例如,一位不思进取的姑娘,宁愿放弃升职加薪的机会,也不愿和上级保持相同的步调;或者是一位甘于物质生活困苦的艺术家,哪怕依靠着每周30元钱的微薄收入勉强度日,也不愿将更多的时间投入事业之中,换取更为充足的物质回报,而令他陶醉其中的事物在我们看来无非是男女情爱和雕虫小技。我们大多数人早已习惯了不断通过生产劳动换取远超生存所需的物质回报，在社会地位的攀升中汲取快感，而对于游离在这种生活方式之外的异类，我们便会自然而然地冠以"神经症"的称谓。

由此看来，个人的生活方式是否与所处时代、社会的主流模式相契合是我们判断神经症的主要依据。就像在上文中所提及的姑娘和艺术家一样，如果他们身在墨西哥、意大利，乃至某个远离工业文明的普韦布洛印第安部落，就会被视为再正常不过，因为这些社会中的主流价值观并不认同为了满足非生存必需品而拼命工作，也自然不会把缺乏物质竞争欲望的他们看作神经症患者。而将时间回溯至古希腊文明时期，如今普遍的"上进"观念同样被认为是低贱、卑劣的。

虽然"神经症"一词最初来自医学术语，但对神经症的判定与借助医学设备诊断一名骨折伤者丝毫不具有可比性。我们无法在抛弃病人所处文化背景的情况下做出随意诊断，正如面对一位自称能看见各种幻想，并对此坚信不疑的印第安少年，我们显然会把他看做出现臆想情结的神经症患者。但在他所处的印第安部落文明中，事情却是另一番景象，他被尊崇为拥有与神灵交流能力的天赋者，将为部落带来好运和福音，因此被赋予种种特权和优待。与此相似的是，在我们的文化语境中，那些号称能够和离世的亲人面对面交谈的人会被看作神经症患者，但这样的表现在印第安文化里同样是再正常不过的,他们普遍通过这种方式表达情感。类似的例子不胜枚举:因他人提及自己离世亲人的名字而生气愤怒,是基卡里拉·阿巴切文化所认同的普遍行为模式;害怕靠近处于月经期的妇女,甚至视月经为不祥之物,也是众多原始部落共同的观念……然而,在我们看来,这些都是荒诞不经、违背社会主流行为模式的神经症表现。

究竟什么样的观念是正常的,什么样的观念是不正常的?这个问题不仅在不同文化中拥有截然不同的答案,甚至在相同的文化中,随着时间的推移也会产生变化。现如今,在接受过良好教育的阶层中,没有人会将一位独立、理性,但拥有性经历的女性与"堕落""肮脏""不洁"等贬义词联系起来,但这样的女性在四十年前还是无法被大众接受的。社会阶级的差异同样会导致对相同的观念产生截然相反的认知,如果一个出身小资产阶级的男性终日不事生产,将时间和精力投入到狩猎和征战中,那么他必然被看作具有神经症特质,但同样的例子对于封建贵族阶级却是再正常不过的了。性别的不同也是造成观念差异的重要因素,在西方普遍的价值体系里,当年龄逐渐步入四十岁,女性因衰老而产生忧虑和焦躁的情绪被视为正常,而男性如果有这种担忧就会被视为患有神经症。

对正常与否的衡量标准从来都不是一成不变的,这理应是每一位接受过教育的人需要具备的常识。我们理解大洋彼岸的中国人拥有与我们大相径庭的饮食习惯,接受爱斯基摩人居住的环境孕育了另一种清洁观念，尊重原始部落由于科技不发达而产生的巫医疗法……但我们却很难意识到，情感欲望也和生活习俗一样，因为文化的不同而存在着各种差异。这也是萨丕尔等人类学家始终致力于传播的观点：不断根据时代发展而重新发现、定义"正常"的概念，正是现代人类学的贡献之一。

在任何一种文化中，人们都喜欢根据自身的认知与情感来独占对人性本质的"最终解释权"，就连心理学也是如此。例如，弗洛伊德曾经根据观察得出"女性比男性更加善妒"的错误结论，并试图根据这个缺乏依据支撑的假想理论从生物学中寻找答案。弗洛伊德在《两性间生理解剖之不同所造成的一些心理后果》中提出了一种理论，认为从生理解剖的性别差异看，对于男孩拥有阴茎这件事，女孩都会产生某种嫉妒心。她们会因此希望自己也拥有阴茎，乃至希望拥有一个男人。于是，她开始对别的女人产生嫉妒心，嫉妒她们拥有与男人的关系；确切地说，就是嫉妒她们拥有了男人，这很像她当初对男孩拥有阴茎的嫉妒。弗洛伊德在提出这种观点时，深受当时社会的限制和压力影响，对人性做出的诊断是概括性的，虽然这种概括仅仅源于对一种文化所做的局部观察和分析。

对于弗洛伊德的观察，人类学家没有什么怀疑，但在人类学家看来，弗洛伊德的观察只局限于某个时代和某个文化领域，乃至一部分人。然而，在人类学家看来，在有关嫉妒的问题上，人们存在着巨大的差异。从某些民族看，男人比女人的嫉妒心更强；而在有些民族中，男人和女人又都缺乏嫉妒心；在有些民族中，男人和女人都很容易激发起嫉妒心。基于这些情况，人类学家对弗洛伊德建立在性别的解剖差异上的结论持反对意见。人类学家认为，对生活环境差异的考察非常重要，此外还要重视这些差异对男女嫉妒心的形成所产生的影响。例如，从我们的文化环境看，我们会提出这样的问题：弗洛伊德的观点与我们同时代女性神经症患者的情况相吻合，但对正常女性是否也适用呢？之所以提出这样的问题，是因为我们要正视这样的现实，即精神分析专家每天与神经症患者打交道的同时，也忽视了这样的事实——正常人同样生活在同一文化环境中。接下来我们还要追问：是怎样的环境导致了嫉妒心和占有欲的产生？在我们的社会文化背景下，男人和女人在生活环境上存在着怎样的差异？这些差异又导致了怎样的嫉妒心的差异？"任何人都具备关于杀戮的犯罪感"也是弗洛伊德假定的理论之一，但彼得·弗洛伊琴最终指出了其中的错误所在：杀人凶手必须遭到惩处的观念从未被爱斯基摩人的社会文化所认同。在许多原始部落和文化中，如果某个家庭遭受了儿子被杀死的悲剧，通常可以采取人员替换的方式进行补偿，受害者母亲会收养杀人者，并以此获得安慰。这些文化现象的存在，证明了不同的人对杀人有着不同的看法，也证明了弗洛伊德的设想是错误的。

一旦对这些人类学发现进行更深层次的探究，我们就不得不承认，我们对人性的理解还存在着片面之处，例如，我们并没有足够的事实依据证明同类竞争、夫妻相爱、兄弟相杀等观念是人性的本质倾向。而我们所理解的"正常"，也纯粹是由身处的特定社会环境所赋予的含义，其内涵会因时代、阶级、性别，以及主流文化的不同而有所区别。

正是由于以上种种现象，依靠新的心理学对人性的共同点进行分析揭示的期望也就不再行得通了。即便我们的社会文化中存在着与其他文化的相似之处，但表面的共同点背后往往隐藏着诸多差异，因此，我们绝不能因为一些共同点就推断出相同的动机。当然，打破固有的"心理学万能"观念，对心理学的长远发展是利大于弊的，它在某种程度上与一些社会学观念相一致，即可以运用于所有人类的普通心理学是不存在的。

但是，认识到心理学适用范围的局限性也并不是件坏事，它可以帮助我们对人性乃至人类学产生更加多元的理解，我们所处的生活环境、社会文化环境和个体环境是互相交织、内在统一的，它们共同决定了个体的情感和心态。这也可以理解为：只有对社会文化环境有了深刻的理解，才能更好地分析正常情感与心态的特质，相同的道理也适用于由正常行为模式畸变而来的神经症，它们的形成与外部文化环境同样有着紧密联系。

从一方面来看，这样的理解能够帮助我们延续弗洛伊德的理论学说，根据他的指引探索神经症的深层内涵。弗洛伊德曾根据实践观察和理论分析得出了以下观点：倘若抛却对神经症患者童年期情感和心智产生影响的决定性因素，我们是不可能对其病症拥有充分认知的。而这要远比他将病症归因为与生俱来的生物性驱动力更加科学严谨。如果将弗洛伊德的观点置于文化环境和神经症的相互关系中，那么又可以理解为：充分掌握某种特定文化之于个体的影响，是理解个体人格结构的基础。

从另一方面来看，我们需要基于弗洛伊德的启发与创造，进行更进一步的探索。虽然他的理论学说已经超越了自身所处的时代背景，但鉴于当时社会上的科学主义思潮，他在研究中也不可避免地强化了生物性起源对精神特性的影响，以致将文化语境中常见的本能驱动力和对象关系视为由生物性决定的人性，或者源于个体遭遇的特殊情境，如生物学中的"前生殖器"阶段、俄狄浦斯情结等等。

忽视文化因素是弗洛伊德做出错误推导及结论的根本原因，甚至是阻碍精神分析学探索人类情感认知和行为模式真正本质的罪魁祸首。虽然精神分析学看似延续了弗洛伊德的理论路线，并具备无限的发展潜质，但对文化因素的忽略最终会导致其发展的停滞，只能用故作高深的专业术语掩盖错误。

当然，神经症源自对正常思维及行为模式的畸变固然是至关重要的判断标准，但这并不意味着它适用于任何情境。那些偏离社会普遍行为模式的人未必真的患有神经症，就像前文中那位安于现状、不愿将时间过多地投入于工作的艺术家，他只对基本生存需要保持满足感，其真正的原因可能是神经症导致的行为模式畸变，也可能是他比普通人更加聪慧，不希望将精力投入于世俗领域激烈的物质竞争之中。此外，许多看似与社会主流行为模式完全契合的人，内心很可能正在遭受着严重神经症的侵扰，其病症无法通过外化的行为模式被发现，这就需要结合心理学和医学的观点加以判断。

对于心理状况来说，文化因素的影响起着决定性的作用，这种影响的重要性是深远的，对此，很多作家都有着切身的体会。这种研究方法在弗洛姆的《基督教义的形成》（载于《意象》杂志第18卷（1930年），第307-372页）这一德语精神分析文献中被第一次提出并得到完善。此种方法在此后又被其他学者所采用，例如威廉·赖希和奥托·芬尼切尔。沙莉文首次在美国认定研究精神病文化内涵的重要性。此外，还有一些精神病学家也以这种方法研究了相关的问题，例如阿道夫·麦耶尔、威廉·A·怀特、威廉·A·赫利和奥古斯特·布朗纳。一些精神分析医生，例如F·亚历山大和A·卡尔蒂纳，也在最近几年对心理问题的文化内涵产生了兴趣。而在社会科学领域，H·D·拉斯威尔和约翰·多拉尔德在研究中也应用了这种观点。

但当研究者的注意力主要集中在神经症的表象特征时，

就很难根据上述观念探讨所有神经症的共同特质及其形成的核心因素。无论是惊惧恐慌、抑郁焦虑，还是生理性的机能失调，都无法成为界定神经症的准确特征，因为它们的出现存在着较大的偶然性。而某些长期潜伏的抑制作用却往往能很轻易地躲避乃至欺骗外界的观察，尤其当我们试图从社会交往、人际关系等领域的表面现象进行判断时，尽管可以察觉轻微的反常现象，但依旧难以对这些反常现象做出具体甄别。当然，虽然在观察中存在着一定困难，但我们还是可以从神经症人群中归纳出两项明确的基本特征，即偏执的反应模式，以及个人潜质与实际成就之间的脱节。

现在，让我们对上述两项特征进行详细的说明。所谓偏执的反应方式，是指个体在面对各种不同的外部情境时，无法像正常人一样，通过灵活的处理方式做出恰当的反应。具体而言，我们根据自身积累的经验和判断能力，在遇到的情境中察觉值得怀疑之处，并存有戒心是再正常不过的行为模式，但神经症患者很可能在任何时间、任何地点通过潜意识让自我长期处于警戒状态。同样是面对外界的正面反馈，普通人可以从中判断出对方的真实意图究竟是发自内心的赞许，还是另有所图，但神经症患者更倾向于对任何恭维都持有怀疑和戒备的态度。此外，我们通常只会在被他人恶意欺骗时，产生愤怒、生气的情绪，而患有神经症的人却很容易被任何话语或行为冒犯，即便它们是善意的。当我们面对某些重要事情的时候，感到难以抉择甚至出现逃避心理都是极为正常的，但神经症患者很可能对生活中任何一件小事都犹豫不决，甚至失去了对日常事务的决断能力。

当然，我们不能脱离阶层和文化背景盲目地对偏执者冠以神经症的判断，就像在西方社会，质朴本分的农民往往会拒绝接受任何陌生或富有创新性的新事物，而小资产阶级则会在生活中始终坚持对财务花销的谨慎态度，当这些特质被置于相应的时代背景下时，它们的产生和表现也就不足为奇了。

而神经症患者的另一个共同特征，即个人潜质与实际成就之间的脱节，同样可能是外部环境所导致的。但倘若一名男性富有天赋，且各项外在条件都对他的发展大有裨益，却始终在生活中碌碌无为；或者一位女性天生丽质，却总是在内心否定自身对异性的吸引力；又或者一个人坐拥一切可以令其幸福满足的条件，却因为丧失了感受幸福的能力而整日闷闷不乐，那么他们的障碍就是自身，而这种脱节的感觉显然就是神经症的一大重要特征。

如果从表面现象中抽离出来，站在更高的角度对神经症的源头进行剖析，我们就不难观察到：焦虑感与为战胜焦虑而形成的自我防御体系共同组成了所有神经症的共同基础。这种焦虑感对神经症患者人格的影响是由内而外、贯彻始终的，而无关乎神经症患者拥有多么复杂的人格结构。在本书的后续章节中，我将详细论述这个理论的依据和实际作用，但为了便于读者理解，在此我对它进行简要的说明。

从表面上看,这种理论实在难以被称为具体或精确。要知道,即便是动物,也会在面对潜在的未知与危险时遵循本能,要么发起攻击,要么夺路而逃。而我们作为人类,在面对危险情境时,所产生的恐惧感(我们暂且将"恐惧感"和"焦虑感"这两个词交替使用)和动物并没有本质上的区别,我们同样会采取相应的防御机制进行自我保护——我们害怕遭受雷电的攻击,所以将避雷针装上房顶;我们对意外事故有所恐惧,于是有了购买保险的习惯。这些恐惧和焦虑感可以说是无处不在的,为对抗危险而产生的防御机制也早已在不同文明中留下了烙印,逐渐演变为固定的形式。它可以是防止佩戴者中邪的护身符;可以是告慰逝者安心离去,勿要惊扰生者的盛大宗教仪式;也可以是由于将女性月经视为不祥之物,从而通过各种禁忌规则,来避免同经期女性发生接触的原始习俗。

根据上文的表述,我们很容易产生这样一种推论:如果焦虑和防御共同构成了神经症的基础,那么各个文明中为了战胜焦虑而逐渐形成习俗或规范,是否可以被理解为"社会文化"的神经症呢?这样的论断从逻辑上是站不住脚的,就像没有人会异想天开地把用石头盖的房屋也叫作"石头",个体和文化对焦虑感的防御机制虽然具有相同的因素,但它们在本质上并不相同。那么,究竟是什么原因导致神经症患者的焦虑和防御机制会构成病态人格呢?这并不是因为他们的焦虑对象实际上是臆想的事物,从某种意义上说,我们对逝者亡灵的恐惧同样源于想象，这种想象毫无科学依据，但这种想象并不会引发神经症。同样，这也不是因为神经症患者无法认清自己产生恐惧的原因，在科技文明尚未诞生的时候，人类也并不知道自己究竟为什么会害怕逝者的灵魂。因此，自我认知和理性的程度并不构成神经症患者和正常人在焦虑及防御机制方面的本质区别，真正的答案其实隐藏在下面两个因素中。

其一，任何孕育文化的生存环境都会不可避免地让人类产生恐惧感。导致恐惧的原因可以说多种多样，其中既有恶劣的自然环境、敌对部落的侵袭等外在因素，也有同类群体间的阶级压迫、强制服从、个体境遇激发的仇恨等社会关系因素，还有由传统文化观念所产生的鬼神志怪、生活禁忌等因素。总体而言，共同生存在某种文化环境中的所有个体都是被强行施与恐惧的对象，其差异只在于恐惧程度的深浅。神经症患者同样如此，但在承受文化群体共同分担的恐惧之余，由于个体经历和成长境遇的独特性（但他们的生存环境也是社会环境的一部分），他们逐渐开始忍受另一种形式的恐惧，这些恐惧与主流的文化模式截然不同。

其二，我们在所处文化中共同分担的恐惧往往都已经形成了完善的防御机制，例如各种花样繁多的宗教仪式、生活习俗、禁忌事宜等等，在这些防御机制的帮助下，我们与生俱来的恐惧得以消弭。由于经历了漫长的历史演变，文化群体的防御机制最终呈现出最为经济、便捷的方式，它们在调动个体潜能抵御恐惧的同时,并不会对个人的正常生活造成较大的负面影响,甚至可以帮助个体激发精神意识的潜能,积极享受生活中的机遇和美好。但神经症患者却需要比正常人承受更大程度的痛苦,在缓慢构建防御机制的过程中,由于缺乏文化群体的分担和经验指导,他们不得不将自己的生命活力作为抵御恐惧的巨大代价,进而影响人格的正常发展,因此在生活中无法借助正常渠道获得满足感,这也正是上文中"个人潜质与实际成就脱节"的含义。换句话说,罹患神经症本身就意味着要比正常人遭受更多的苦难。而我之所以在前文论述外部观察结论时对此予以隐去,是因为这一结论往往很难通过外部观察得出,甚至很多时候未被神经症患者自身所认识。

在上文对焦虑和防御的表述中,我始终担心读者会对关于"神经症本质"的冗长论证感到枯燥乏味,但这在心理学中的确是不可避免的——对于任何一个问题而言,无论从表面上看多么简单明确,其答案都无法通过三言两语进行简单描述。我们在这里一开始就遇到的困境也是如此,而且,这本书此后的所有内容都将与这一困境有关。要想准确描述神经症是一件非常困难的事情,这是因为,关于神经症问题的探讨需要我们在心理学和社会学这两种思维工具中不断切换,而无论是心理学还是社会学,都难以作为单一的工具对神经症进行充足、清晰的解读。根据动力学和心理结构学的理论观点,对神经症的分析研究需要经历将正常人进行实体化的过程，但所谓的正常人实际上并不存在；当研究范围开始超出所属文化的界限范围时，文化差异对个体的影响就成为我们研究中更大的麻烦。而倘若我们将神经症单纯置于社会学的考量范围之中，把神经症患者对主流文化行为模式的偏离作为判定依据，那么，我们目前获得的一切有关神经症心理学特质的理论知识都将被否定；更重要的是，世界上不会有任何一个国家、任何一个学派的神经症医生愿意承认他在平日里就是利用如此单一且不严谨的标准鉴定神经症病人的。

综上所述，我们必须把心理学和社会学方法加以结合，采取一种综合、严谨的外部观测法，将神经症患者外部表现的异常现象和内在心理活动的异常现象都纳入考量范围之中，并在观测权重上进行均衡分配——不把其中任意一方的异常现象视为对神经症判定起到决定性作用。我们把这种观察方法运用到对焦虑及防御机制的判定中，虽然它们是神经症的重要因素，但只有当个体焦虑感的产生和防御机制的构建在量和质两方面都与整体文化模式相悖时，才能被运用到神经症的界定中来。

此外，神经症患者还具备另一个基本特征——冲突倾向。弗洛伊德曾多次表明：冲突倾向对神经症的形成具有重要影响。事实上，神经症患者的冲突和文化环境中的普遍冲突在内容上是一致的，而且本质上都是无意识的，因此，不能从这两方面来辨别它们之间的差异。而真正能够体现它们差异的因素是：神经症患者的冲突倾向要比普通人更加尖锐、更加剧烈，甚至在不断的妥协中，他们引导自己走向近乎破坏自我完整人格的解决方式，我们可以把这种解决方式叫作"病态的解决方式"。

虽然对神经症做出完全正确的定义是件相对困难的事，但综合上述的各项分析，我们不妨对其进行一番总结性归纳：神经症是指患者以妥协的方式消解内在冲突，并试图构建自我防御机制以缓解恐惧心理，最终引发的心理紊乱。从实际的角度来说，这种心理紊乱只有在偏离所处文化中的主流行为模式的情况下，才被称为神经症。

第二章
为何谈起"我们时代的神经症人格"

在本书中,我们的分析和讨论主要围绕着"神经症影响人格的形式"展开,具体集中在以下两个层面。

首先,外在情境中包含的激烈冲突可以独立作为影响因素,对某些在人格其他方面均属正常的人群造成扰乱,进而导致他们应对方式的畸变,最终形成了神经症。在心理学中,这样的情况被称为情境神经症,与舒尔茨提出的外源性神经症大致相同。但它的影响范围只局限于患者在特殊情境下的反应失常,并不等同于人格上的病态,因此,我们暂时对此不做详细讨论。另一种与之相对的症状叫作性格神经症,它在表现形式上和情境神经症具有几乎相同的特点,但它的影响范围主要针对性格的扭曲,我们所探讨的神经症便是这一类型。这类患者在童年时代形成的某些特质通常会经过漫长的潜伏期,对其人格造成不同程度的影响。如果对患者的病史未加以仔细分析，我们很容易将性格神经症和情境神经症混淆，事实上它们并不相同。性格神经症患者的病态根源并不是他们所遭遇的种种特殊情境，而是由患者早先具备的性格障碍造成的。进一步来说，许多在普通人看来完全不存在冲突的情境，对性格神经症患者来说，可能意味着病态反应的产生。而至于他们遭遇的情境本身，只是让潜伏的神经症得以显露的一面镜子。

另一方面，相较于容易出现变化的临床心理症状，人格上的病态往往长期以稳定的姿态存在于神经症中，且具有发生频率较高的特点。因此，患者性格方面的紊乱要比神经症的具体症状更具有研究价值。相同的道理也适用于文化层面，归根结底是人格本身对人类行为模式造成了影响，而不是表象的症状。这也是精神分析学在研究重点上发生的转变，基于对神经症特质的更深层次的了解，我们在如今更偏向于研究患者性格的病态，而不是外在的症状表现。如果我们把神经症比作一座火山，那么神经症所表现的症状只是火山爆发时的场景，性格的病态才是像岩浆一样隐藏在患者内心深处的部分，决定着火山爆发的时机和剧烈程度。

在对人格病态和表现症状间的关系有了明确界定后，我们不妨开始思考这样一个问题：在现阶段的神经症研究中，我们能否从众多患者身上发现共同的特点，进而将神经症人格与我们所处的时代联系起来？

事实上，在种类繁多的病态人格中，它们之间表现出的差异要远远比相似之处更容易给人留下深刻印象。我们以癔症型人格和强迫型人格为例,前者通常具有强烈的投射倾向,而后者则更喜欢将遭遇的冲突情境加以理智化,两者的表现形式可以说是天差地别。但当我们站在另一个角度思考,这些差异之所以让人印象深刻,仅仅是因为它们不同的外在表现形式和解决方式。而我在这里强调的共性,应该是造成人格畸变的内在冲突本身,而不是诱导这些冲突爆发的表面因素,它们与人格紊乱并不构成直接的因果关系。

以弗洛伊德为代表的多数精神分析学家更倾向于将精神分析的首要目标放在探索人格中某种激发冲动的根源及反复重演的幼儿期行为模式上。在我看来,要对神经症建立清晰的认知,固然需要重新回溯到患者的童年阶段,但倘若过度注重此种观念,会诱使我们忽略其他精神性因素的作用,如无意识倾向、冲动倾向、恐惧倾向、自我防御倾向等等,它们之间的相互关联性也同样容易被忽视,从而导致精神分析的混乱,使病症得不到有效的缓解。

这样的理念对我进行神经症人格类型的研究起到了极大帮助,它使我意识到尽管在年龄、爱好、性格气质和社会阶层等方面差异巨大,这些富于变化的病态人格类型都拥有大致相同的部分——他们内在的冲突本质和冲突间的相互联系。对相同点的强调并不意味着忽略了神经症的精准特殊分类。相反,我坚信精神病理学对各种心理紊乱及其起源、特殊结构、表现等等,都做出了清晰的界定,取得了显著的成果。通过观察普通人以及当代文艺作品中的人物形象，我在实践中的这些推论已经得到了侧面论证：正常人在主流社会文化中产生的内在冲突，与神经症患者的心理困扰不存在本质上的区别，后者只是在困扰程度上更加严重，并因为病症的影响，加入了更加虚幻、隐晦的成分。正如神经症患者对孤独的恐惧、对挫折的无力、对社会竞争的排斥也同样是正常人日常经历的情感状态。

当然，这些所有人共同拥有的情感特质并不能上升到普遍人性的高度，因为它们产生于所处社会文化的特殊情境，如果放在另一种截然不同的文化语境中，大多数人需要承受的又是另一番困扰了。

综上所述，当把神经症的共同特质与我们这个时代相结合的时候，必须要确立时代影响的边界，任何神经症患者具备的共同特质都不会脱离他们身处的社会环境，而是在时代和文化的影响下逐渐产生了这些共同特质。这也就意味着，要想彻底弄清楚文化影响和神经症的联系，就不得不将人类社会学和精神分析学的理论结合起来。在后文中，我将尝试运用自己的人类社会学知识，为读者解释这样的问题：究竟是哪些类型的文化特质，让身处其中的我们产生了各种类型的内在冲突？关于这一点，精神科医生应该从神经症发病率、症状严重程度及类型划分等客观标准的基础上，归纳总结出特定文化语境下的神经症表现，并从中分析出造成这些表现形式的冲突根源；而人类学家则需要在研究文化的同时，注重文化特质对个人心理造成的影响。当然，患者的家人、朋友和同事等密切接触的群体同样可以列为发现问题的重要来源，这是作为一名经验丰富的观察者必备的职业素养。要知道，任何神经症中的内在冲突都可以由外在观察者通过它们的表现形式予以洞察。接下来，我将对这些外在表现的普遍特质做出相应的解读。

具体来说，它们可以被划分为以下五种类别：（1）分享和收获爱的态度；（2）自我评价的表现；（3）自我肯定的姿态；（4）攻击性；（5）个人性欲。

在分享和收获爱的态度方面，过度依赖于外界给予的肯定、赞许乃至情爱是当今时代神经症患者的主要倾向。虽然我们都期望能获取外界的称赞和认同，也同样期望能被我们所爱的对象喜欢，但这样一种对爱的期许却被神经症患者过度放大，以致远远超过了实际生活中"爱"的意义，他们对来自外界的爱不加辨别地渴求、期待，甚至忽略了发出爱和赞赏的对象，以及他们究竟对自己的生活是否具有实际影响。这种毫无止境的病态渴求显然是无法被神经症患者充分意识到的，而当他们的渴求无法通过正常社交得到满足，往往就会演变成行为模式中的病态敏感，令他们在正常的人际事务中产生挫折感，比如发出的社交邀请信号被忽略、某个朋友长时间未向他们联络感情、自己对某些事物的看法被他人反驳等等。此外，这些对爱的过度渴求通常也会以"我不在乎"的冷漠态度加以掩盖。

更加糟糕的是,有的患者在病态地渴望获取爱和赞美的同时,自身却并不具备关怀他人、向他人正确表达爱的能力,在获取爱的欲望和表达爱的能力之间存在着显著的差异。当然,这种差异并不总是外显出来,神经症患者可能在某些社交场合中,表现出对他人的热情、关怀乃至乐于助人的形象,但这种关心并不是发自内心的,甚至在表现形式上颇具强迫性。

以上的种种表现归根结底源自内心安全感的匮乏,这也正是神经症患者通过外在表现而暴露出的另一种特质。在生活中,他们对安全感的缺乏往往以自卑感和匮乏感为显著特征,具体表现为自我评价"能力不足""智力天赋低下""人格魅力极度缺乏"等等。事实上,这些主观看法严重偏离了他们的实际情况,就如同某些天资聪颖的人始终认为自己愚蠢无知,某些倾国倾城的美貌女性总怀疑自己在异性面前毫无吸引力可言。在神经症患者中,这些现象随处可见,他们满怀忧虑,怨恨命运的不公,或是将自己想象出来的个人缺陷信以为真,花费大量的时间和精力来掩饰这些虚构的不足;或是将这些根深蒂固的自卑感牢牢掩盖起来,转而寻求能在他人面前炫耀自己的物质性补偿,用诸如财富、收藏品、社会地位、知识储备、异性好感等被主流社会广泛认可的外在事物来弥补自卑感,进入另一种病态的炫耀状态。但这两个类型在本质上都是极度自卑的体现,仅仅作为两个方面同时存在于神经症患者的外在形态中。

神经症表现出的第三种特质,即患者的自我肯定,往往包含着显著的压制倾向。正常意义上的自我肯定,并不包含违背社会道德观念的负面欲望,而是对正面欲望和主张的合理肯定。而神经症患者往往对自身的欲望、观念表达、思想倾向、社交意愿不加辨别地压制,无论它们是正面的还是负面的,甚至包含必要的正常交际。至于个人立场方面,神经症患者的过分压制往往会导致另一个问题:当他人的意愿和自身的立场相互违背时,他们通常无法正确拒绝,最终导致自身利益受损。无论是面前的销售员正喋喋不休地向他们推销并不需要的产品,被尚不熟悉的陌生人邀请参加某个无聊的晚会,还是被某个毫无好感的异性邀请共度良宵,他们都没有能力拒绝。即便他们拥有明确渴望的事务,但由于强烈的自我压制,也无法就此表达自己的观念和意志,产生逃避决策的自我麻痹感,就像某个患者总是将酒和电影的花销归于健康和教育的分类,而不是大胆正视娱乐的需求。最后,清晰可靠的规划能力也是神经症患者所缺乏的,小到某次放松出行,大到职业或者婚姻家庭方面的人生规划,他们都因为主见不足而处于混沌的无意识状态。自己究竟渴望些什么?又需要为此付出些什么?他们并不知道,也无法阻挡内心深处恐惧的推动力。正如那些害怕了旧日的贫穷,而不顾健康疯狂赚钱的人;那些害怕了孤独,而病态地辗转在异性间,求取欢愉的人;那些习惯了循规蹈矩,害怕从事创意性工作的人,神经症患者的内在推动力往往是自身病态的恐惧感。

第四种，攻击性的倾向，是与自我压制恰恰相反的状态，他们总是对他人的任何观念、行动表现出富有恶意的反对、指责和攻击。这种攻击性倾向具体可分为两种形态，前一种形态喜欢把自己表现出的敌意理解为对他人的善意关心，或者不带有任何个人倾向的言论表达，但他们从来无法认识到自己眼中的善意表达实际上是对他人的指手画脚、恶意挑错，或者毫无根据地表达厌恶；后一种形态的表现形式和前一种完全相反，他们虽然从不对他人表现出明显的攻击性，却始终坚信自己是受到大多数人迫害的那一方，总是认为自己被故意欺骗、被恶意打压、被不公平的待遇处处钳制，进而怀疑自己处在全世界的敌对面。当然，这两种形态都是难以被患者主动意识到的。

最后一种倾向是性行为的特殊表现，它包括强迫性渴望性行为和极端压制性行为这两个类型。后者可能在实现性满足前的每一段时期发生，具体包含拒绝与任何异性发生接触关系、拒绝对异性开展追求、在精神上极度厌恶发生性行为等病态的表现形式。当然，这些表现形式也可能是个体性心态的反应。

在对这些神经症的共有状态有了框架性的认识后，将关注的重点从这些表现细节转向这些状态产生的决定性因素和影响过程，显然对我们的神经症研究更加重要。前文中解读的五种状态虽然表面上缺少关联，但实则在神经症的内在结构上具有逻辑联系，因此，我暂时不对它们的外在表现进行过多的叙述，在后文讨论它们内在联系时再加以细致的描绘。

第三章
焦虑

在本书的第一章里,我曾介绍过神经症患者的焦虑特质,而它作为神经症的内在驱动力,在精神分析中具有不可忽视的影响。因此,我将在此对焦虑特质的具体表现和准确定义做出详细的说明,以便对神经症的时代特点进行下一阶段的探讨。

我在前文中将焦虑和恐惧看作同义词,并概述了它们的内在联系。在面对危险情境时,我们往往会产生焦虑或者恐惧的情绪,这些情绪会造成生理上的变化,如身体颤抖、冷汗频发、心跳加速等等。这些短时间内的生理变化由于强度过大,通常会在精神上加剧恐惧的程度,甚至危及生命。尽管看似相同,但恐惧和焦虑之间仍然存在着差异。

以母亲对子女健康的担忧为例,同样是害怕子女因为健康问题不幸离世,如果感到害怕的原因是子女感染了某种恶性疾病,这样的情绪被称为恐惧;当害怕的原因仅仅源自子女的某次感冒或者皮炎，我们则称其为焦虑。当某人意外地在荒无人烟的野外森林中迷失了方向时，雷电裹挟着暴风雨在头顶肆掠，由此而产生的害怕叫作恐惧；但是当某人害怕的仅仅是站在安全的高处，或者就某个擅长的领域与他人探讨，这样的情绪就只能用焦虑来形容了。综合上文的描述，我们可以推导出一个明确的定义：恐惧是当个体在被迫面对危险时，产生的适当的情绪反应；而焦虑则是与实际危险并不相符的情绪，抑或产生于个体臆想出的危险。

然而，这样的定义在判定焦虑上仍然存在着一个问题：我们往往根据所处文化中的普遍共识，来判断情绪反应的恰当与否，但这却不适用于神经症患者，他们总是能为自身行为赋予合理依据，即便这种依据在文化常识中并不存在。假设担心遭受精神错乱者的暴力攻击是某位患者的焦虑来源，当我们试图纠正这个错误时，他会通过种种不具有普适性的孤例来佐证自己的观念，进而导致永无休止的辩论。这样的道理往往在原始部落中表现得更加显著，假如在某个原始部落文化里，拒绝食用某种动物是他们向来遵循的行为法则，一旦这样的行为法则被突然打破，部落中的族人就会陷入恐慌之中。他们会担忧食物的来源受到诅咒，担忧自然灾害可能突然降临。在现代文明社会里，大概没有什么比这般迷信的观念更可笑的了，但它的确是原始部落世代沿袭的文化环境，构成了每个族人对于恐惧的内在反应，这是难以通过危险的真实与否进行改变的。

当然，这些原始部落怀有的焦虑感并不完全等同于我们这个时代中神经症患者产生的病态焦虑，它们的差异在于：前者往往是构成集体行为模式的观念基石。但不管差异如何，我们都可以从焦虑的产生根源及意义出发，用正确的态度来看待人们的焦虑感。正如那些对死亡抱有特殊焦虑的人们，通常背负着近乎诅咒般的痛苦，但这样的痛苦会驱使他们产生对死亡的思考和领悟，在焦虑感的逼迫下催生出创造性的生死观念。当我们掌握了焦虑感的各种形成根源，他们对死亡的焦虑反应也就有了更加合理的解释。具体来说，这就像我们靠近万丈深渊、站立在摩天大楼的顶层、走过一座横跨江河的大桥时，总会产生莫名的恐惧心理。虽然实际坠落的危险几乎并不存在，这种焦虑感在外界看来也是夸大的，但这些情境也许会在我们的内心深处唤醒渴望生存和趋向死亡间的终极矛盾，剧烈的挣扎感导致了焦虑的产生。

结合上述各种事例，我们对焦虑和恐惧的定义仍然需要加以完善，两者实际上都是对危险做出的适当反应，但客观外在、易于察觉的危险情境往往会催生恐惧，而焦虑则是在主观内在、难以发现的情境下产生的。这也就意味着，尽管难以被焦虑者本人清楚地认识到，但焦虑的程度是与危险对人的意义成正比的。

根据以上有关焦虑和恐惧的详细区分，我们在对神经症患者进行心理治疗的过程中，取得了更深层次的进展：由于患者产生焦虑的根源并非他们在现实中遭遇到的危险情境，因此，针对危险的非必要性予以劝阻无法起到有效的治疗作用。我们需要挖掘危险情境对神经症患者的内在意义，进而引导他们逐渐战胜焦虑，而非仅仅进行客观层面的逻辑说服。

在明确了焦虑的内涵和定义后，新的问题随即摆在了我们面前：焦虑究竟对神经症患者起着怎样的作用？这个问题在如今是很难被人们充分认识到的。我们往往只能记起童年阶段的焦虑感，或者那些曾在夜晚经历的噩梦，但在正常的工作、生活和社交中，我们只会对很少的事务产生焦虑感，如参加大型考试、会见某位影响力重大的人物之前，而这些焦虑感都具有偶然发生、影响较轻等特点。

为了弄清这个问题，我们收集了众多神经症患者的详细资料，它们呈现出的特点各不相同。部分患者对自身的病态焦虑感具有清晰的认知，但他们的焦虑感总是以变化不定的形式展现，有时以焦虑症发作的形式出现，也被称为弥漫性焦虑；有时伴随着某些特定的行为和情境展露出来，比如行走在大街上、置身于公共场所之中，抑或站立在高层建筑物上；有时也会有具体的焦虑对象，可能是对精神失常、癌症等疾病的恐惧，也可能是害怕意外吞咽异物等。另一部分患者同样能够认识到焦虑感的存在，但他们对造成焦虑感的外部条件不甚重视，并不在意究竟是哪些外部因素和外部情境形成了对焦虑感的影响。最后一类患者的表现形式较为特殊，他们无法认识到内部存在的焦虑感，仅能对焦虑感的浅层表现模式有所了解，如自卑、自我压抑、性生活异常等情况。但当对这些患者进一步深入了解，他们初始的自我论述就会逐渐被推翻。我们通过观察和分析注意到他们拥有和其他神经症患者同样多的焦虑感，只是潜伏在患者的表层意识下，只有借助精神分析的渠道，才能帮助他们拥有充分认识，最终成功回忆起造成焦虑感的危险情境。但即便如此，患者所感知到的焦虑往往依然在正常范围以内。这同样意味着，并不是在所有情况下，我们都能正确认识到自身的焦虑感。

当然，以上的讨论只是我们在探索焦虑感过程中的部分收获，尚未对其构成完整揭示。难以认识到焦虑感本身也许只是神经症患者的部分特质，而他们这种对焦虑感影响作用的忽视，同样也值得我们研究。就像我们在实际生活中，所产生的种种情绪都是如此短暂易逝，诸如爱、愤怒、怀疑，等等，它们出现并消退的时间虽然短到被我们忽略，但其同样可能是由巨大的驱动力作用而成的。这也就是说，人们对情绪的自我感知程度和情绪影响的重要性并不能画上等号。这仅仅是对弗洛伊德基本发现的一个方面——无意识的重要性的解释和发挥。

由于焦虑感在短时间内的骤增会带来巨大的痛苦，我们总是偏向于试图克服焦虑或者减缓焦虑的负面影响。这也正如曾经承受过强烈焦虑的神经症患者往往对焦虑抱有恐惧心理，与再次承受焦虑的痛苦相比，他们更愿意选择死亡。除此之外，焦虑感还会让患者产生诸多额外的情绪，以致加剧心理上的痛苦，对自身现状的无力感就是其中之一。即使面对艰巨的挑战，人们在充满斗志、勇于征服的心理状态下依旧是难以被打败的，但当某人被焦虑感包围时，他只能感受到彻底的无力感，事实上，他也的确是无能为力的。而对那些过度看重社会地位、权力、影响力的人们来说，他们最容易由于过高的自我预期对焦虑感产生强烈抵触，在他们看来，坦然面对自身的无能为力是件难以想象的事情，这严重违背了他们的意愿。

在无力感以外，非理性因素也是焦虑感导致的另一种特质。有些人始终以理性的处事态度来要求自己，他们将理智奉为最高标准，而一旦非理性因素掌握了情感的控制权，对他们来说无疑是重大的打击，这不仅意味着行为模式被打破，更被视为对其坚定意志的侵犯。这其中不仅有个人动机的原因，还有社会文化的原因，我们在从小的教育中就被社会文化赋予了理性至上的观念，进而片面地认为理智是高级而需要恪守的思维财富，将那些非理性的因素当作洪水猛兽，冠以低级的称谓。

这种理性观念在某种程度上造成了焦虑感的最后一种特质。当我们发现思维中出现了某些非理性因素，焦虑感便开始以警报的形式向我们的意识发出告诫，促使产生自我怀疑的意识，从而对自身可能出现的问题进行检视。这并不意味着我们本身对非理性因素的存在具有主动警惕性，事实上，几乎没有人会对这种警报产生好感，当认识到我们需要对现有状况做出改变时，随之而来的厌恶感可以说是出于本能，但这依然无法阻止焦虑感的警报在潜意识中影响我们的情绪。无论如何，当某个人正处在焦虑感和自身防御机制的激烈斗争中时，愈是对现状无能为力，愈是会坚定他的自我想象，相信自己在任何事务上都是正确而完美的。从而排斥一切形式的暗示,无论是简单粗暴的,还是含蓄克制的,他们不可能认识到,自己需要对某些错误进行改正。

通常来说,以下四种途径是在我们的文化中逃避焦虑的主要选择:(一)将焦虑合理化;(二)否认焦虑;(三)自我麻痹;(四)对任何可能导致焦虑感的情绪、思维、冲动采取逃避态度。

第一种途径,也就是将焦虑合理化,往往是逃避责任的最佳诠释,而焦虑合理化的核心则在于将夸大的焦虑和合理的恐惧相混淆。如果忽视了这种转变的心理价值,其形成的质变往往很容易被低估。例如,母亲对孩子的爱护和关怀,可能造成主观放大的焦虑和面对危险情境适度的恐惧,但当某个过度焦虑的母亲将焦虑合理解释为恐惧,母爱作为其产生的根源便有了迷惑性。倘若我们试图帮助母亲将焦虑和恐惧加以区分,暗示她的焦虑感与孩子实际面临的危险并不相称,那么她必然会对来自外界的暗示予以驳斥,认为我们描述了极其错误的信息,进而强调自身焦虑的正当性。《过分焦虑的母亲》里玛丽就曾在婴儿时期不幸感染过危险的传染病,约尼也曾在爬树时意外将腿摔断,那些用糖果拐卖儿童的事例的确在新闻上出现过,而他们的母亲之所以产生焦虑感,恰恰是源自对子女的爱护和责任。

当某人对自身的非理性态度视而不见,反而选择将其赋予合理性并为之辩驳,这必然说明,这种态度对其个人产生了重要意义。如同上文中提到的母亲，她并不会因为焦虑而产生负面情绪，反而会将焦虑转化为主动对子女做出保护措施的动力；她也同样不会认为超出实际情况的反应是懦弱、胆怯的，反而会为其母爱的崇高感到骄傲；更不会察觉自己的观念中存在着非理性因素，相反会持续为她的行为赋予极大的正当性。久而久之，长期对暗示、警告的忽略会让她不断强化固有的错误观念，将作为母亲的理性责任推卸给外界社会，进而拒绝正视自身的真正动机。在这种情况下，这种主观上的焦虑感永远得不到消解，她将焦虑感合理化的行为最终也会付出代价，而她的孩子很可能成为代价的承受者，这种母爱宗旨的背离是很难被她认识到的。从某种意义上说，这位母亲不仅无法正确认识，甚至以逃避的心理拒绝正视现状，试图在保持固有态度和获取相应好处中寻求共存，但这注定是无法实现的。

无论是担心生育、罹患疾病、饮食失调，还是担心陷入贫困、遭受意外，都属于将过度焦虑解释为在危险面前合理反应的主观倾向，并且适用以上原则。

作为逃避焦虑的第二种途径，彻底否认焦虑的存在也可以被理解为将其隔离于主观意识之外，但无法实现克服焦虑的期望。由于无法摆脱焦虑，人们通常会出现种种并发症，生理上主要表现为冷汗频发、心跳加速、战栗窒息、呕吐腹泻、排泄频繁等等，精神上则出现烦躁不安、冲动易怒、反应迟钝等现象。这些生理和心理上的表现通常会在人们感到恐惧和产生焦虑感时出现，但前者的恐惧感往往能被主观意识到，后者的焦虑感则在不自知的情况下发生,人们只能明确外在的表现形式,如在某些特殊情境下频繁地如厕排泄、搭乘火车时经常呕吐晕眩、睡觉时冷汗多发等等,而这些现象并不是由生理疾病引起的。

当然,对焦虑的否定在有些情况下也能起到克服焦虑的作用,就像战场上的军人通过自我激励暂时否定对死亡的焦虑,面对危险浑然不觉,最终做出卓越的贡献,这取决于否定行为是否出自个人的主动意识,且主观愿望的强烈与否。

上述情况并不只存在于正常人之中,神经症患者同样可以借此克服焦虑。我们以某位临近青春期的女孩为例,她从小到大一直都遭受着焦虑的折磨,而焦虑的对象则是可能出现的强盗和恶人。面对焦虑的困扰,她勇敢迈出了第一步,在夜晚独居于废弃已久的老宅、独自在空无一人的阁楼上睡觉。通过对梦境的精神分析,我们逐渐发现了她的转变,虽然潜意识里恐惧的情境依旧在梦中出现,而她的应对方式渐趋勇敢。在梦中,她听见轻微的脚步声从花园深处传来,便鼓起勇气来到阳台上,大声呵斥道:"外面是谁?"最终,对强盗的恐惧心理被顺利消解,但那些造成焦虑的内在因素仍然存在,这导致了未能消除的焦虑感开始以新的表现形式出现,并对女孩产生新的负面影响。由于害怕自己不受欢迎、不被需要,她仍然保持着内向、敏感、怯懦的性格特征,无法正常地生活。

弗洛伊德曾反复强调,症状的消失并不意味着疾病治愈。女孩的焦虑感始终未能随着对强盗的恐惧消失而消除,这正是许多神经症患者面对焦虑时的共同特征：他们拿出了丝毫不亚于正常人的勇气，大胆克服自身的焦虑，却只是消解了焦虑的外在表现形式。我们可以从中看出，神经症患者与正常群体的最大差异在于克服焦虑所能实现的结果，而不是克服焦虑所付出的努力和决心。而即使未能最终摆脱焦虑的困扰，其中的尝试依旧在重塑自信、减轻焦虑等方面具有积极影响。但目前看来，这样的正面作用往往在精神分析中被高估，我们需要指出其局限所在。在神经症患者的努力中，构成内在情绪紊乱的人格结构并未得到彻底改变，由于其外在表现已经被消除，患者为恢复正常人格付出努力的动力也会随之减弱。

在很多特定情境中，我们都能发现神经症患者流露出的攻击性倾向，并将其归结为他们表达敌意的方式。事实上，这只是患者在面对危险情境和压力时，试图用攻击性倾向来克服内心的焦虑。他们在很多方面的外在表现形式，都可能源于对自身焦虑的克制，而这种克制的外化表达对他们具有较大的影响作用和心理意义。这并不是说攻击型神经症患者实际上不存在敌意，他们只是用放大敌意的方式来鼓舞自己克服焦虑，而不应该被我们理解成纯粹的攻击性质。

自我麻痹是逃避焦虑的第三种方式，它不仅仅指个体主动借助酒精和药品起到麻痹的效果，也包含种种相互间不存在显著关联的行为方式。那些对孤独怀有恐惧的人们对社交活动的极度热衷就是众多方式之一，无论他们是否认识到自己对孤独的恐惧感，都难以从社会交往中真正摆脱焦虑。疯狂沉迷于工作之中也是另一种通过自我麻痹缓解焦虑的途径，这类人群对工作往往带有强迫倾向，并在节假日无须工作时感到情绪沮丧。过度渴求睡眠同样也可能是自我麻痹的表现，尽管难以对缓解疲劳产生真正的作用，但长时间的睡眠还是满足了部分人暂时摆脱焦虑的心理需求。此外，对焦虑感的麻痹也会通过性行为表现出来，它不仅适用于强迫性手淫，也同样被运用在任何形式的性关系上。对于借助性行为减轻焦虑的群体来说，性需求得不到满足，哪怕只是片刻得不到满足，都会使他们失落沮丧、焦躁不安，这也正是人们把性行为比作"安全阀"的原因所在。

与以上三种逃避焦虑的方式不同，第四种逃避焦虑的方式在某种程度上也是最彻底的途径，即对所有可能造成焦虑的观念、思维和情境，都采取彻底逃避的做法。一方面，这种逃避可以作为主观意志的产物，正如那些恐惧攀岩和潜水的人会竭力避开这些运动，当个体对焦虑感具有充分的意识时，他或她就会在生活中主动避免接触到它。另一方面，对焦虑来源的躲避也可能发生在无意识的情况下，人们也许并不清楚焦虑的对象、表现形式，乃至是否存在着焦虑，仅仅在不得不面对焦虑时，下意识地选择拖延时间，避免进行决策，不进入医院就诊、不动笔写信询问等等。当然，人们也可能利用其他无关的事务拖延时间，并刻意营造出专注的态度，如参加冗长的集体讨论、布置细小的任务、与他人生气争吵等等。此外，对可能引发焦虑的情境施加厌恶的暗示也是另一种方式，就像某个焦虑的女生担心在晚会上遭到众人冷落，于是便赋予自己"厌恶社交场所"的主观暗示，以避免参加晚会。

当以上种种逃避倾向在实际生活中的表现形式和内在影响被逐渐重视，我们不妨将研究重点延伸到更深的层面，也就是抑制状态。所谓抑制状态，是指通过对特定情绪、思维和行为的主观压制，以防止陷入过度焦虑的情境。此时，人们的自主意识便进入了某种奇妙的状态，既感受不到任何形式的焦虑感，又无法主动解除这种抑制状态。在癔症型功能丧失中，这种抑制状态的表现形式相当奇特，具体表现为癔症型失明、癔症型失语、癔症型肢体瘫痪等。至于性行为方面，则往往以性冷淡、阳痿的形式出现。在生活中随处可见的注意力分散、思维表述不清和拒绝外界接触等行为，也是抑制作用在精神领域的外在特征。

随着精神分析的不断进步，现在人们对抑制状态已经不再陌生，并且很容易在细致观察中发现它们的存在。因此，我更希望将抑制状态的思考空间充分留给读者，让大家在观察和记忆回溯中加强理解，而不是在本书中通过大量篇幅将抑制状态的表现形式和种类划分等特点予以详述。与此同时，作为抑制状态形成的决定性因素，各项先决条件仍需要我在这里进行简要表述，为大家正确理解抑制状态的发生频率等外在表现打下坚实的基础。

首先，认识到自己在某件事情上缺乏能力，往往是以认识到自己对此事的主观意愿为前提条件的。就像在实际生活中，我们只有事先明确试图做出建树的领域，才能逐渐认识到自己的不足之处。大家也许会说：人们的主观意愿难道不是在任何时间都能够被意识到吗？事实并非如此。我们假设某位学者正在倾听某篇学术论文的宣讲，他在思考的过程中产生了批评意见。但在此时，第一层面的抑制作用使得公开表明批评态度让位于羞愧和胆怯，更加强势的抑制作用随即阻碍他系统化地组织思维和语言，也许直到报告会结束甚至次日早晨，完整的批评意见才会在抑制作用消解后形成。在有些时候，抑制作用的效果会更加强烈，以致任何反驳意见都无法在大脑中形成，当事者虽然存在着反对倾向，但在精神影响下逐渐对他人阐述的观念形成盲目的认同感，进而从反对转变为赞同。也就是说，当我们的思维和观念已经被抑制作用扭曲时，根本无从察觉到它的存在和影响。

另一种因素也会在生活中阻碍我们认识到抑制作用的存在，并让我们把抑制作用错误地理解为既定的事实。假设某人在压力较大的工作中始终承受着焦虑带来的痛苦，并且在多次尝试无果的情况下日益疲惫，此时，他往往会将一切原因都归结为自身能力的缺乏、对工作压力的承受能力不强等等，而不是意识到抑制作用的潜在影响。这在某种程度上的确起到了保护作用，让他免于遭受直面焦虑的痛苦。

关于抑制作用的最后一种因素来源于社会文化领域。当植根于个体的压抑倾向恰好与所处社会的主流文化形式相一致时，这种群体压抑通常很难被个体正确认识到。如果某种文化中存在着神化女性的整体倾向，那么因为病态的抑制倾向而拒绝接近女性的神经症患者显然会将其归结于文化层面的因素。由于将谦虚等同于美德的文化教条，我们很容易受到其影响，不敢在公民政治、思想观念等领域大胆表达自己的不同看法，这些在文化中占据极高地位的社会规则通常会让我们产生集体压抑感，导致难以察觉个体潜藏的焦虑，诸如害怕被群体孤立、害怕遭受惩罚等等。但这种批判意识的减退并不能单纯被判定为抑制作用，它也许只是个体意识与权威观念恰好相同，或者个体在群体中主动思考欲望的下降，以及思维的愚昧性。只有在彻底掌握个人特性的情况下，我们才能做出严谨的判断。

在心理治疗过程中，即便是富有经验的专业医师，也很难从以上三种因素中准确地发现隐藏的抑制倾向。它们通常互相之间没有联系，并且任何一种都能对抑制倾向起到掩护作用，干扰外界观察。更加困难的是，我们需要将所有抑制反应都纳入观察范围内，无论它们是已经成熟，还是正处于初步成长阶段。任何细小的疏漏都可能造成对抑制倾向发生概率的乐观估算，要知道，内部存在的抑制倾向由于并不会阻碍多数行为，因而具有不易察觉的特性，但倘若长期得不到纠正干涉，将对个体行为造成负面影响。

首先，精神上的暴躁、疲劳及无力感往往会在参与某项令人焦虑的事务时产生。我的一位患者在这方面就是很好的例子，让她产生焦虑的对象是在人流涌动的街道上行走，虽然她身体强健，面对每日大量的家务劳动丝毫不会感到疲惫，但每当被迫走上街头，紧张和疲倦感便会如浪潮般席卷而来。我们不难从中看出，导致她产生疲倦感的并不是体能的衰竭，而是面对外界时精神方面的焦虑感。尽管经过一段时间的心理治疗，她的焦虑感已经得到一定程度的缓解，让她得以尝试着走出家门，但随之而来的疲倦感却依然存在。在很多情况下，人们很容易将疲惫、倦怠等机能障碍归结为工作时间过长、负荷过重等因素，却忽视了精神上可能存在的焦虑感，它也许与所从事的工种，或者与同事之间的社会交往有关。

其次，这种有关于特定事物的焦虑，会造成其执行力度和完成效果的紊乱。我们以某个对发布命令怀有焦虑感的神经症患者为例，当他需要在某种情境下发布命令时，由于受到焦虑情绪的干扰，他的命令在效果上就会大打折扣。那些害怕骑马的人们同样会在驾驭马匹时出现各种错误。而不同的人对这种焦虑感的作用形式也有着不同程度的认识，有些人能察觉到焦虑在背后的影响，有些人只是单纯地认为自己对某些事物存在能力缺陷。

第三，对某些事物的成就和愉悦感同样会被焦虑感破坏。当然，这与焦虑感的程度有着密切联系，一般来说，轻微程度的焦虑感反而会激发出更高的兴趣，就像我们总是在乘坐过山车时怀着微小的恐惧感，这并未影响我们从中汲取的乐趣，甚至在进入高空轨道时感到刺激不已。但当焦虑感到达特定阈值，就会让原本充满快乐的事物变成某种煎熬，如果某位患者对性行为抱有焦虑，那么他注定无法享受性行为带来的快感，反而会在无法意识到焦虑来源的情况下，认为性行为本身就是无聊乏味的。

我曾经在上文提到过，厌恶感往往会被用来当作逃避焦虑的借口，而这并不影响它成为焦虑感对个体造成的最后一种负面影响。以上两种表述实际上是内在一致的，焦虑感既是造成厌恶的决定因素，也是厌恶感背后隐藏的根源。这个例子说明了繁复多变的诸多因素在彼此相互构成、相互影响的作用中共同构成了整体，只有当这些复杂的关系被逐渐厘清、分类，在心理学上的研究才有可能取得质的飞跃。

目前来说，我们讨论焦虑感的核心任务并不是将所有焦虑产生的表现形态和防御机制进行详细的罗列，而是在防止焦虑感伤害自身的基础上，探究焦虑感和自我认识之间的关系，以及各种焦虑感之间的共同之处。要知道，人们要么难以认识到自身具有的焦虑感，要么在对焦虑感的认识中过度乐观，这是值得心理学家加以重视的问题。

综上所述，焦虑的表现形式可以说是多种多样的，它也许表现为诸如心跳加速、疲惫无力等机体不适感，也许以诸多看似理性的伪装逃避恐惧。焦虑可以让我们在酒精和性行为中寻找自我麻醉，可以让我们失去对某些事物的愉悦感和掌控感，也可以躲藏在潜意识深处，诱导各种抑制倾向对我们进行干扰。

共同生存在社会文化中，我们每个人都难以避免受到焦虑的影响，也都在生活实践中构筑起了各不相同的自我防御体系，它们虽然起到了保护作用，但倘若焦虑感被过度放大，防御机制也会对我们的正常生活造成负面影响。越是严重的神经症患者，越容易被焦虑感和防御机制侵袭人格，纵然本应拥有健康的体魄、充沛的精力、完善的教育，但在神经症的影响下，焦虑感逐渐演化为抑制倾向，使他们难以完成各种任务，也无法从中汲取充足的愉悦和快乐。病症越是严重，情况便越是如此。

第四章
焦虑与敌意

在上文分析恐惧和焦虑的差异时,我们将主观意识上的恐惧作为判断焦虑的核心要素。那么,这种主观意识又具有怎样的特性呢?

这个问题需要从个体在触发焦虑时的主观感受入手。在我们感受到焦虑时,往往会被某种强势的危险感操纵,它的力量是如此强大,以致我们无法对此做出任何改变,无论感到恐惧的对象是罹患癌症的风险、电闪雷鸣的自然环境,还是登临高处的行为本身。只要我们对某种情境存在恐惧,随之出现的危险感和危险面前的无力感便会迅速占领我们的情绪和意识。而这种危险感通常是复杂多变、让人难以把握的,它也许是诸如雷暴、意外事故、健康问题等来自外界的不可抗因素,让我们无从防御;也许是个体内部超出掌控的情绪冲动,比如从高处纵身跃下的自杀冲动、用凶器砍杀他人的杀戮欲望等等;在某些情况下，它也可能是更加虚幻、模糊的，我们只能隐约感受到它的存在，却不知道它究竟为何物。

当然，在现实生活中，任何危险情况的出现都可能导致危险感的产生，这种面对真实危险的本能反应并不能作为界定焦虑感的本质因素。正如具备着相同生活经验的人们，形成危险感的情境却各有差异，他们有些是正在遭受地震灾难，有些是处于他人的殴打暴行中，而有些只是害怕窗外的电闪雷鸣。前者是面对实际存在的危险情境无能为力；后者则是主观上由于内在因素激发的恐惧情绪，尽管与实际面临的情境并不相符，但他们依旧被这种情绪所操控，这也正是恐惧和焦虑感的差异所在。

作为界定焦虑感的关键，我们不妨对这种主观因素进行更加具象的思考，这也是每位精神分析学者需要直面的问题。对于患者来说，这种过度放大实际情境的危险感究竟是如何产生的？又是怎样形成面对危险彻底无能为力的主观情绪的？与此同时，我们也需要把精神分析的范围限定在非生理性因素之内，就像兴奋与睡眠问题也可能是由于个体生理机能紊乱引起的，虽然症状与心理因素表现相同，但在本质上并不属于心理学的研究范畴。

弗洛伊德曾经提出过这样一个观点，他将人类本身的本能驱动力作为激发焦虑感的主观决定因素。这也就是说，个体释放出的爆炸性推动力，让人们对假想的危险情境产生了焦虑感，并因此形成无能为力的主观情绪。作为弗洛伊德最具影响力的心理学理论之一,这个观点对焦虑感的研究起到了充分的引导作用,指出了研究的整体方向,但我的看法和这个观点还存在着不同之处,在后文中我将和大家详细讨论这一点。

通常来说,当某种冲动本身具有强烈的主观驱动力,且对它的探索和坚持将使自己在社会中受到生存、社会交往和外界认同等方面的利益损害时,这种冲动都有可能导致焦虑感的产生。在维多利亚时代,对性的禁忌如同乌云般笼罩着整个社会,在严格推行的禁忌面前,任何对性冲动的顺从都将导致严重的危险情境。无论是未婚的少女,还是习惯手淫的男性,都将为性冲动的行为付出惨痛的代价,如被社会中贞操文化歧视、强制施与阉割惩罚、被视作神经症患者等等。随着社会观念的进步,无论是内心里的性冲动,还是在社会中的正常性行为,都为社会主流文化所认可,更不会对个体造成精神和肉体上的危险,对此的焦虑感也便自然消退了。当然,这并不包括暴露癖和恋童癖等病态性冲动,它们的处境依旧等同于维多利亚时代对正常性冲动的压制。

根据我在焦虑感方面的观察,导致焦虑感产生的心理因素并不总是性冲动本身,事实上,这种有关于性的冲动往往只在少数情况下会引发焦虑感。也许会有读者质疑:我们总能在神经症患者身上观察到性冲动的异常和焦虑感,这难道不能说明两者间的直接联系吗?这样的现象确实在案例中普遍存在,但我们只看到了事物的表象,当对两者进行深入研究时,我们不难发现是诸如伤害、侮辱等随着性冲动一起出现的敌对冲动,从源头上导致了焦虑感的产生。而造成这种关联的，很可能是社会文化在性态度方面的不断变化。

从表面上看，这种将神经症患者的焦虑感归结为性冲动中敌对意识的新理论很可能带有片面推论或不具有普适性的嫌疑，但这个观念不仅仅是从神经症案例中推导得出，更是对现有理论的进一步论证。我们都认同这样一个心理学共识：如果某种敌对冲动将会对个人目标造成负面影响，那么它便很可能导致焦虑感的产生。类似的事例在生活中不胜枚举，我们以其中之一作为示范：F先生始终在内心深处爱着M女士，但求而不得的恨意和因爱产生的嫉妒感总是在不经意间涌上心头。当他们在某个假期远足登山时，险峻的环境和四下无人的氛围让某种可怕的念头在F先生的头脑里酝酿。他心跳加速，他呼吸失常，他想把眼前的M女士推下悬崖。这样的焦虑感脱胎于性冲动，在敌对意识下产生，让人们难以抵抗冲动的欲望，而一旦头脑中的理性屈从于冲动，惊人的后果和灾难也会随之而来，将人们带入万劫不复的境地。

通常来说，只有在少数人身上才会突显出这种敌对意识和焦虑感的因果关系。因此，要进一步证明两者间的直接联系和它们对于神经症的影响力，我们需要对敌意被主观压制后产生的心理影响进行仔细评估。

当本该展开对抗，或者主观意愿上期望如此时，却被强制压抑住这种正常反应，也就意味着警戒状态的消退。这正是敌对意识被压抑造成的首要影响，压制敌对意识，代表着假装一切都还处在正常状态，代表着将防备和警戒意识撤除，进入到防御大开的情境。如果在这时我们的切身利益正被外界侵犯，这种警戒状态的缺失往往为他人提供了可乘之机。

化学家C的亲身遭遇就是这种现象的最佳诠释。事业的过度劳累让这位天资聪颖的化学家遭受神经症的摧残，他开始主观忽视自身的种种优势，以过度的自卑和自谦心理面对工作生活。在入职某家大型化学企业，进入实验室工作后，待人谦和的C得到了同事G的青睐，职位等级略高于C的G始终在各个方面积极给予他照顾，而C也逐渐接纳了这份同事间来之不易的友谊。但由于神经症的影响，对友谊的过分看重干扰了C的独立判断能力，让他未能意识到：这位表面上善良热心的G，实际上是个热衷于事业和名利的野心家。在某次结束工作后的闲谈中，C把自己近日里的科研发现毫无保留地向G分享，却在日后的某次学术报告上，惊讶地发现G将他的成果据为己有。纵然在瞬间产生了怀疑和恨意，但这种敌对意识很快就被C压抑了下来，并未真正放在心上。在潜意识里，他仍然选择将G视为最知心的朋友，哪怕自己得意的科研项目在G的"好言相劝"下停止，哪怕本该属于他的科研成果被G窃取，他依旧发自内心地为G的成功祝福，将自己的屡次落后归结为自身智力和毅力上的缺乏。由于质疑和恼怒的正常情绪不断被压制，C从来没有真正认识到这段友谊的本质，其实是G对他的恶意利用和打压。而C对自身利益的捍卫机制，也在他对友谊的错误判断下，逐渐沦为了摆设，这才让心怀恶意的G有了屡次得手的可能。

　　事实上，对敌对意识的压制也可能是在主观操纵下借以克服恐惧的有效途径，但当这种压抑倾向形成反射，我们往往难以判断，其究竟是否在个体控制范围以内。但我们还是可以排除其中的部分可能，尤其是在不断膨胀的敌对意识让自我难以承受的情况下，因此产生的压抑倾向显然就不能算作主动操控的范围。那么，我们在什么情况下会因为敌对意识感到不堪重负呢？问题的答案隐藏在憎恶感和需要感的内在冲突中，这两种截然相反的情绪可能存在于我们对同一个人的主观看法里，而其中导致憎恶感的嫉妒、占有等情绪通常也让人们带有逃避心理，不愿意直面对他人的敌意。

　　基于上述情况，人们更加倾向于借助压抑手段来获取短暂的自我麻痹感，认为这种压抑倾向能将可怖的敌对感拒之门外，乃至从自我意识中彻底抹去，以此汲取内在的安全感。这个看似简单的论断实际在心理学中意义深远，且难以被人们真正理解，在遭到压制的情况下，人们是不会察觉内在敌对意识的。

　　尽管能在最短的时间内驱除敌对感的困扰，这种表面上低成本的方式在长远看来并不可靠，也并不值得提倡。被暂时从意识中驱离的愤怒情绪无法得到根源上的消除，反而因为脱离了主观意识的掌控范围，逐渐演变成人格结构外的游离因素。加上长期得不到正常发泄，这种敌对意识往往带有强烈的爆发性，在人们意识不到的领域日益膨胀，在最终爆发时对人们造成难以估量的伤害。

当然，这种敌对意识的膨胀需要建立在长期不被察觉的基础上，一旦我们认识到它的存在，就会在以下三个层面限制它的发展。

首先，敌对意识的爆发会被纳入所处实际情境的考量之中，无论是真实存在，还是自我假想的敌对目标，人们都会根据实际环境来判断敌对行为造成的后果，进而决定是否对其进行压制；其次，在产生敌意的目标上，如果同时被赋予了尊崇、热爱和需要等情绪，纯粹的敌对意识会为这些正面因素所综合，在某种程度上受到削弱；最后，无论个体的人格呈现出怎样的特质，敌对感都会被限制在他对道德行为准则的遵循中。

在上文所列举的事例中，正是因为敌对意识始终被压制，化学家C未能顺从这种情绪，采取正确的举动捍卫自己的利益，如将G恶意利用友谊和抄袭科研成果等恶劣行径向公司领导和同事揭露，这些念头最终都随着愤怒感的压制而烟消云散。也许在C的潜意识梦境里，他早已诉诸暴力向G宣泄愤怒，或者借助自己的智慧，用更加优秀的科研成就让依靠剽窃的G名誉扫地。也就是说，当我们向敌对倾向施加人为压制，这些情绪的正常释放渠道被逐一阻挡，它们便会选择尽力突破这些阻碍屏障，无论是在实际生活中，还是在个体的潜意识幻想里。

这种由压抑感造成的现象也被称之为分化效应，它会伴随着压抑行为的持续不断突显，让敌对意识逐渐在外部刺激下强化。正如某位独断专行的领导总是在工作中发布违背实际情况的命令，让下属苦不堪言，但由于职位等级上的差距，下属内心的愤怒情绪被不断压制下来，仍然对领导表现出言听计从的行为，以致领导的专横行为愈演愈烈，导致敌对意识随着时间逐渐累积、加剧，最终陷入无法自拔的恶性循环。昆克尔在《性格学引论》中曾提到，神经症患者的心态通常会产生一种环境反应，并由此进一步强化这种心态，使得患者的病情越发严重，并因逃避而面临更大的困难。昆克尔将该现象称为"魔鬼之圈"。

现在，为了方便后续讨论的开展，我们不得不面对这样一个问题：在上文的表述中，人们产生的压抑倾向被作为逃避敌对意识的途径，让它们的存在不再为个体所感知。那么，在无法认识到敌对意识的情况下，我们的内心会对这种情绪做出记录吗？答案当然是肯定的，这也正是压抑倾向带来的另一种后果，它会让具有强烈危险性的情绪被记录在人们的内心中，并且无法被察觉或控制。要知道，正如沙利文曾在演讲中所阐述的观点，意识和无意识之间从来都不是相互对立、相互排斥的二元存在，而是无法被严格划分的等级式排列。弗洛伊德也曾对此有所发现，即便受到了压制，敌对冲动依旧可以发挥其影响力，甚至会让我们在深层次的意识中认识到它们的存在。这个复杂的理论可以用更加通俗的说法解释：我们永远无法从本质上成功欺骗自己，这源于我们对自身观察力的习惯性低估，这不仅表现在对他人的敏锐洞察，更体现在对自我的深刻观察上。就像在生活中，轻易相信自己对他人的第一印象往往会被看作不理智的表现，但它实际上是非常准确的。在这里，为了让下文的表述更加简洁，我们将采用"记录"这个词汇，用来指代人们未能准确认识到自身对内在情绪的了解程度。

在大多数情况下，造成焦虑的不只是敌对意识本身，当这种情绪将为其他利益带来严重影响，对它的压制行为也会因为无法预估的后果而导致焦虑感。人们感知到的隐约不安，往往就是后果本身产生的焦虑情绪。而受到天性的影响，我们注定会对有损自身利益和安全的情绪予以清除，另一种近乎本能的条件反射行为也就随之诞生了。如果说对情绪的压抑作用是表象的伪装，那么第二种伪装可以说是更深层次的，它让人们将内在的敌对意识投射到外界，作用在外部世界具体的某人某物上。根据逻辑推断，这种投射行为针对的目标往往是引起敌对意识的原始对象，两者的重叠性造成了这样一种结果：情绪投射的对象通常会遭受敌对者的敌对意识本身及其经过压制后更加剧烈的仇恨感。另一方面，实际存在的危险情境和个体应对情境的反应模式都会对投射行为的程度产生影响，而防御机制和应对措施的缺乏往往和危险情境的放大程度成正比，这也是压抑倾向带来的危害所在。在《权威与家庭》中，弗洛姆曾明确指出：人们对危险做出的反应，并不机械地由危险的实际程度而决定，"对于一个无能为力的绝望之人而言，即便是很小的危险，都能引发剧烈的焦虑反应"。

向外界投射敌对意识还具有另一种作用，它会为人们的言论和行为赋予正当性：正是因为他人屡次对我进行侮辱、欺诈、背叛，我才不得不做出应对措施来捍卫自身利益。也许某个已婚女性始终在内心认为自己是深爱丈夫的，却未能意识到敌对意识的存在，由此导致的投射行为让她不由自主地将丈夫视为残暴无情的禽兽。

除此之外，当敌对意识开始酝酿时，害怕遭受他人的报复也会在某种程度上对其形成阻碍，这种心理促进了投射效应的产生。就像人们在准备向他人施加伤害时，总是会担心同样的事情发生在自己身上。这种对报复的恐惧也许来自人类共同拥有的本性，也许形成于人类在演化过程中对罪恶和惩罚的经验积累，也许是将自己和他人具有同样的报复欲望作为恐惧形成的必要前提。虽然我们无法断定这些因素究竟占有多大的比重，但毋庸置疑的是，对报复的恐惧在神经症患者的意识和行为中具有重要作用。

上述这些心理过程终归是由压抑敌对意识而引起，并最终形成了焦虑情绪。这也正是焦虑症状的典型特质，即在外界强大的危险情境面前感到无能为力，因此在主观上产生压抑倾向，导致了焦虑的心理状态。

在心理治疗中，要想彻底掌握患者焦虑感的来源，远远比上文介绍的理论复杂得多。首先，敌对意识在遭到压制后，并不总会投射到患者最初产生敌意的对象上，在很多情况下，投射行为的目标是截然不同的另一个物体。弗洛伊德就曾介绍过这样一个案例：小汉斯对父母的敌对意识在投射过程中发生了偏移，转到了白马身上。我的一位患者也同样如此，她在潜意识里压抑了对丈夫的敌对意识，将焦虑感投射到了泳池里的水爬虫上。无论是雷电交加的暴雨天气，还是各种微生物，都可能成为焦虑投射的目标，而这种投射现象，其实在精神分析上很容易理解。受到社会文化中对亲情、爱情和友情的观念影响，当敌对意识针对朋友、伴侣和亲人出现时，这种敌对感往往会和社会关系的纽带形成冲突。为了缓解这种矛盾带来的压力，在主观意识上彻底否认敌对意识的存在也就成了最低成本的选择。当被压抑的敌意投射到了某个毫无关联的事物上，对他人的敌对意识得以被否认，这就像许多人借此对自己糟糕的婚姻关系形成美好幸福的幻觉。

虽然压抑行为注定会造成焦虑感的滋长，但焦虑感通常不会在每个阶段都显露出来，而是会借助众多防御机制进行隐藏或转移。这不仅仅是焦虑感的选择倾向，也是身处其中的个体获取暂时性解脱的需要，就像依赖于酒精和睡眠摆脱焦虑感的现象。在下文中，我们将对这些保护措施进行更为具体的讨论。

个体的焦虑感总是在敌对意识被压抑后以种类多变的形态出现，尽管看起来十分复杂，但它们依旧可以被划分成以下的类别。

A. 源自内部冲动的危险感；

B. 源自外部情境的危险感。

根据焦虑感的形成原因判断，压抑作用导致了A组焦虑感的形成，而外向的投射行为则造成了B组的焦虑感，它们都可以被细分为两类亚组。

（1）认为自己是危险的对象；

（2）认为他人是危险的对象。

综上所述，我们总共划分了四种类型的焦虑感。

A（1）由内部冲动情绪引发的针对个体自身的危险感。例如在高处产生纵身跃下的冲动，并对此感到恐惧。

A（2）由内部冲动情绪引发的针对其他人的危险感。例如产生持刀伤人的欲望，并对此感到恐惧。

B（1）认为自己将被外部世界的危险伤害。例如恐惧电闪雷鸣的天气。

B（2）由外界情境引发的目标指向他人的危险感。在此类情况下，敌对意识的对象和投射的目标往往同时存在。例如母亲对孩子过度担忧，害怕他们被外界危险所侵害。

不可否认，以上的分类方法对焦虑感的浅层判断具有一定帮助，但在实际应用中，它却无法涵盖所有的可能性。以A型焦虑感为例，并没有证据可以表明他们的敌对意识永远不会向外部扩散，我们只能说，投射倾向在他们的现有阶段暂时还未显露。

"敌对意识在被压抑时产生焦虑感"同样不是两者间的唯一联系，它们还存在着另一种可能：如果在面对特定危险时，人们形成了相应的焦虑感，这种焦虑感也可能在意识中产生防御机制,以敌对意识的形态表现出来。同样的情况也适用于恐惧心理,它在遭到压抑时也会促成焦虑感的产生,进而导致某种恶性循环。当我们意识到焦虑能够强化敌意时,我们似乎就无须探寻这种破坏性驱动力的生物学根源了,弗洛伊德在探讨关于死亡本能的理论时便是这样做的。在精神分析的过程中,我们往往会发现许多患者并未经受外界的危险刺激,却带有强烈的敌意,并且在日益加剧。这就是敌对意识和焦虑感相互交织的结果,它无关于究竟是哪一方率先出现,而是在相互影响中让情况趋于恶化。

总体而言,以上关于焦虑感的各项理论,都是以精神分析作为依据得出的,并且需要诸如无意识领域、主观压抑和投射效应等因素的推动。尽管如此,当探究进行到更深层次,我们不难观察到,虽然同样基于精神分析的方法论,但它在许多方面都与弗洛伊德的学说有所差异。

弗洛伊德对焦虑感有两个核心理论。首先,他将生理层面对性冲动的压抑视为焦虑感的根源,具体来说,当个体对需要合理释放的性冲动施加种种束缚时,无法发泄的欲望便在体内形成了生理上的紧张感,最终转化为焦虑情绪。其次,弗洛伊德认为,当个体处在特定的社会环境下,对性、攻击等冲动的释放和宣泄意味着将会遭受严厉的惩罚与后果。因此个体就会对冲动产生恐惧感,这种恐惧带来了焦虑感和神经症焦虑感的产生。以上两种理论都是纯粹从生理学而非心理学的角度来解读焦虑感,而第二种理论无关于压抑倾向的出现与否,它更多地偏向于由于外部环境造成的心理恐惧感。

在我看来,只有将弗洛伊德的这两种理论加以综合,才能对此形成更加科学、全面的理解,这也是我对病态焦虑感的核心研究理念。因此,我更偏向于将纯粹生理学的因素从第一种理论中剥离出来,与第二种理论进行结合,得出新的结论:焦虑感产生于压抑冲动的恐惧,而不是对冲动本身的恐惧。这种观念与弗洛伊德的第一种理论更加贴近,尽管他是在大量的心理学研究中推导出这个结论的,但对生理学理论的错误采用导致他忽略了压抑感造成的心理影响,也就是压抑冲动导致的恐惧心理。

在我看来,弗洛伊德的第二种理论同样存在着局限性,我在理论上对其并无异议,如果在特定情境下,对某种冲动的顺从会为个体带来额外的危险,由此产生的焦虑感也就不足为奇。但这种观念在适用范围上有所限制,我们以性冲动为例,它只有在将性视为禁忌话题的文化语境中,才会导致焦虑感的产生,而不是在如今性观念逐渐开放的社会环境下。也许一些社会——如塞缪尔·巴特勒在《乌有乡》中描绘过的那种社会——会严厉地惩罚任何生理疾病,因此,患病的冲动也会导致无法宽容的焦虑感。以此推论得出,所处文化氛围对待性的接纳程度,在很大程度上决定了压抑性冲动造成病态焦虑感的发生概率。这样的结论并未涉及个体间的心理差异,作为导致焦虑感的诸多因素,性冲动和其他冲动并没有本质上的差别,但我始终认为,在从压抑敌意到产生焦虑感的心理过程中,必然有某种特殊因素导致了焦虑感的形成。用更加简练的话说，当我在生活中察觉到焦虑感时，我会选择停下来问自己这样一个问题：是否存在着某个被触动的敏感因素，让我产生了焦虑感？又是在什么因素的影响下，让我在心理上做出压制敌意的选择的？当我们对这些问题有了清晰明确的认识时，就会对焦虑感有更加深刻的认识。

关于焦虑感存在阶段的观念，是我与弗洛伊德的最后一项理论分歧。在他的学说里，童年阶段是焦虑感可能发生的唯一时段，由人类的"出生焦虑"和所谓"阉割性恐惧"产生，并在童年阶段的"幼稚反应"下逐渐演化。弗洛伊德这样解释道："那些被判定为神经症患者的人们，他们在面对危险时的反应仍然保持在婴儿阶段，缺乏像正常人摆脱焦虑感的能力。"

现在，我们不妨对这种观念下的各个因素进行详细探讨。首先，弗洛伊德将童年阶段和焦虑情绪多发相联系的观察显然是毋庸置疑的，由于儿童缺乏对众多危险因素的防御措施，随之产生的焦虑情绪也就数量众多，这是在理论和实际案例中都可以被证实的。正如在精神分析的过程中，我们往往能在患者的童年阶段观察到导致焦虑感的原始因素，如童年阴影等等。其次，弗洛伊德认为，童年时期的焦虑对象依然会在患者成年后继续对其造成困扰，这两个阶段中存在的焦虑感是具有关联性的。也就是说，男孩在童年阶段对阉割的恐惧，可能会在长大后以另一种形式继续困扰着成年男性。我们并不能反驳这种现象的存在，的确有某些神经症患者会在步入成年后——甚至以完全相同的形式——继续接受着童年时某种焦虑情绪的侵袭。在《神经症、生命需要和医生的责任》中，舒尔茨曾提到这样一个案例：一位职员因对上司感到愤怒而频繁更换工作。分析发现，只有那些长着特定形状的胡须的上司才会令他有这种感觉。随后，患者的反应得到了解释：三岁时，他的父亲曾威胁过他的母亲，而他现在的反应便是当时反应的重演。但无论如何，这种案例都只占有极少数的比例，童年时期的焦虑感在大多数情况下都会随着时间而演变。在部分表现较为显著的神经症案例中，我们可以对焦虑从萌芽到成型的过程进行充分的观察，发现往往存在着某个完整的链条，将童年时期的焦虑感和成年后的病态心理串联起来。因此，我们可以说是童年阶段遭遇的冲突和其他多种因素共同导致了焦虑感的形成，但不能认为焦虑感是童年的幼稚情绪。一旦我们将焦虑感错误地当成幼稚的表现，便会不可避免地面临这样一个问题：所有在童年时期萌发的情绪，都可以说是幼稚的吗？而试图通过年龄阶段来判断焦虑感还存在着另一个问题：倘若焦虑是童年时期的幼稚反应，那么它是否也可以被视为提前出现在儿童身上的成年人的行为呢？

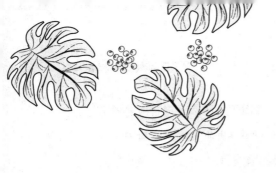

第五章
神经症的基本结构

在生活中，我们往往可以通过对冲突情境的仔细观察，掌握焦虑感在其中扮演的角色。但在神经症的人格分析上，就必须将患者本身带有的焦虑倾向看作第一要素，结合其产生的特定情境，进而探究敌意出现并受到抑制的原因。我们会发现，最初形成的敌对意识又是导致焦虑感的元凶，而两者间相互交织、相互影响的关系着实令人难以理解，因此，我们需要把关注的重点放在患者的童年时期。

在这里，我并不打算探讨"心理治疗到底需要向童年阶段追溯多远"这一问题。尽管我同样认可童年阶段个人经历对神经症的影响作用，但与其他精神分析著作不同，我在本书中不对此进行过多的论述。这无关于学术理论的分歧或者冲突，只是我在这本书中的重点是神经症的人格结构分析，而非患者实际经历的归纳。在这里，为了便于读者理解此章节的内容，我还是对童年阶段的影响作用稍作描述。

根据大量的案例分析，我在众多神经症患者中发现了这样一个共同点：无论表现形式和影响程度存在多大的差异，他们都在童年时期有着大体相同的经历。

父母关爱和温暖的匮乏构成了这种经历的基本内容。事实上，孩童对普通类型心理创伤的耐受程度要比我们想象中坚韧得多，当他们笃信自己仍然被父母宠爱和需要，日常偶发的斥责、饥饿等负面情绪并不会留下长远的阴影，但他们却能敏锐地辨别出真爱和伪善间的差别。在实际生活中，孩童对爱的热切需要通常会在患有神经症的父母身上彻底破灭，尤其是那些过分宠爱孩子，或者以自我牺牲的心态绑架孩子独立意愿的家长，他们一面向孩子反复灌输着父爱母爱的伟大，一面在孩子心中留下永久性的不安全感。

事实上，许多父母的行为不仅难以满足孩子对爱的需求，反而会激发他们的敌对意识，如不公平的情感偏爱、无缘无故的训斥责罚、在溺爱和冷淡间捉摸不定的情绪变化、轻易许下无法兑现的诺言，等等。在另一方面，孩子的独立成长也会经常遭到父母的破坏，当他们热衷的事物被不断否定、社会交往的空间被横加干涉、自主思考的欲望被无情嘲笑，这些父母的行为都会在日积月累的过程中对孩子的健康成长造成损害。

在现有的精神分析理论中，童年时期的敌对意识大多被归结于嫉妒心理和主观愿望受挫这两个方面，后者也被概括为性启蒙时期的人为抑制。不可否认的是，我们的社会观念确实对幼儿在性领域的好奇、探索和实践行为抱有强烈的压制态度，但由此造成的挫折感却不是敌对因素的根本性来源。尽管在涉及性等领域的主观意愿被外界压制，孩子会在认识到这种强制手段具备相应的正当性和目的性时，对父母的管制采取接纳的态度，这是可以通过大量的事例观察得出的结论。就像在卫生习惯的养成问题上，只要家长采取正确、理智的态度对孩子进行教育，而不是时时刻刻对其过度强调，乃至粗暴干预、责罚，孩子都会对这种教育保持理解和接受。同样，当孩子认识到自己是因为错误的举动受到责罚，而不是由于家长缺乏关爱引发的蓄意侮辱，他们都会在父母常态的呵护下选择接受惩罚，并不将此放在心上。孩童的敌对意识究竟是否由挫折感引发？由于挫折情境间往往交织着诸多其他因素，这个问题在解答上的确存在难度，但可以确定的是，挫折本身并不是决定性的因素。

在如今，受到各种学说过度放大挫折负面效应的影响，很多父母都对此深信不疑，乃至超过了弗洛伊德对此的解读，他们小心翼翼地在教育子女和避免挫折间寻求平衡，试图为孩子排除任何挫折，防止孩子受到创伤的侵袭。

在引发敌对意识的因素中，挫折在孩子和成年人的经历中都扮演着重要的角色。无论是多子女家庭中关爱分配不均导致的嫉妒，还是家长中某一方的嫉妒，都将让患有神经症的孩子因此受到深远的影响，甚至会延续到成年以后。在此基础上，我们需要着重考虑这样的问题：在家庭之间形成的嫉妒心理源自怎样的特殊环境？在相关案例中，兄弟姐妹间的相互嫉妒和俄狄浦斯情结形成的嫉妒心理，是否会在所有儿童身上发生，还是仅仅在特定情境中被潜意识激发？

根据弗洛伊德对神经症患者身上俄狄浦斯情结的分析研究，破坏性最强烈的嫉妒心理恰恰是与父亲或者母亲相关，这种强势的嫉妒心理往往会造成恐慌情绪，并对患者在人格塑造和社会交往等方面造成深远的影响。相同类型的嫉妒现象在神经症患者的童年阶段被陆续发现，弗洛伊德便做出了更深层次的推论，他认为俄狄浦斯情结作为导致神经症的主要因素，不仅作用于我们所处的社会文化中，更可能在其他文化间也有着同样的影响作用。当然，我对弗洛伊德的这种理论持有怀疑态度，虽然在兄弟姐妹和父母子女的家庭关系中的确很容易产生嫉妒心理，但这是任何亲密关系中无法避免的现象，可以同样适用于其他任何关系亲密的非血缘性团体。更加重要的是，我们根本无法从现有的论据中证明由家庭间兄弟姐妹和俄狄浦斯情结引发的强烈嫉妒情绪是在社会文化中广泛存在的。试图以这种缺乏有力论证的观念向其他文化的延伸也同样是站不住脚的。尽管是人类的思维模式导致了以上两种形式的嫉妒感，但它们需要基于特定的生长环境，才会被人为地激发出来。

在后文中，我会对神经症患者形成病态嫉妒感的共同特性予以详细解读，探讨其形成的主要原因。在此，我们只需记住父母关爱的匮乏对嫉妒感会造成一定影响。作为导致子女缺乏温暖和安全感的根源，患有神经症的家长通常难以在社会生活中获得幸福感，继而将种种对感情的需求病态地投射到子女身上，想要借助这种投射来汲取心理层面的满足感。胁迫恐吓与过度宠爱往往是他们交替施与的手段，借此让儿童在他们高度浓缩的情感中产生顺从和依赖的心理。它也许并不总是裹挟着性欲因素，却带有如弗洛伊德所说的占有冲动和嫉妒心理，最终造成正常心理的错乱。

如果儿童对特定的家庭成员抱有强烈的敌对情绪，我们通常会认为这将影响他们的人格成长，但这种敌对意识的负面影响同样需要分情况看待。倘若是因为家长的神经症表现让孩子产生敌意，这的确会带来巨大的负面影响；如果是本该得到释放的敌对情绪受到潜意识的操控被人为压制，那么压抑心理本身要比敌对意识带来更糟糕的损害。这种压抑倾向往往会作用于儿童对父母的声讨、批评及反抗上，它让这些用来释放敌意的行为转嫁到儿童自身，进而认为自己不配得到父母应有的关爱。有关于此的具体表现将在后文中进行说明，在这里，我们关注的重点在于压制敌对意识造成的人格损害上。

儿童在家庭生活中产生压抑倾向的原因各种各样，恐惧、无力、犯罪感和关爱匮乏等都可以成为压抑行为的罪魁祸首，它们也许在剧烈程度和组合形式上各有差异，但最终都会导致压抑倾向的产生。

以上因素中，儿童的无力感存在于生物学和心理学两个领域。在生物学方面，由于体能和智力水平都要远远弱于成年人，他们不得不在长时间内依靠家庭的照顾来获得生存所需，并无法对所处环境进行任何形式的改变。而当儿童的年龄逐渐增长,在2-3周岁时,这种生理性的客观依赖将逐步让位于智力、心理、精神需要等心理学依赖,直到他们最终进入青春期,基本具备了独立生活的能力。从出生到迈入成年为止,儿童逐渐摆脱依赖的速度是各不相同的,而父母对孩子的抚养理念决定了他们走向独立的速度和程度。如果父母坚持给孩子灌输独立自主、坚强勇敢、不畏挫折等价值观念,孩子的成长进步无疑将是显著的;如果在教育中溺爱孩子,更容易让孩子形成无条件服从、依赖父母的人格特征,即便生理年龄成长到了20岁以上,在实际生活中他们也可能保留着种种幼稚、无知、缺乏独立思考能力等儿童独有的特质。在后者病态的抚养模式下,在打压和溺爱间变化无常的教育态度让儿童长期处在缺乏安全感的心理状态下,对家庭氛围的无能为力让他们在潜意识里强化了对父母的主观依赖感。这种情况愈是严重,正常的敌对意识就愈是被无助感压制,迟迟得不到释放的敌对心理最终在持续的压抑倾向下分崩离析。他们甚至产生了一种心理反应链条,将敌对情绪的压制归结为对父母无法避免的依赖,以此赋予其正当性。

在儿童心里播下恐惧的,不仅是诸如打骂、体罚、呵斥和剥夺人身自由等直接的暴怒行为,更可能是间接的思维模式的灌输。有些家长会不知不觉地夸大儿童生活中可能会遇到的危险,从无处不在的致病细菌,到外部世界里居心叵测的陌生人,甚至儿童天生热爱的爬树等活动,都被附加了恐惧的标签。在这种环境下成长的孩子,往往不敢流露出心中的敌对意识,转而寻求压抑倾向的帮助。

另一个让敌意无法释放的原因来自部分父母虚伪的爱,他们在生活中从来没有向孩子表现出真正的关爱,而是无时无刻不向孩子传达所谓的关爱,试图让孩子在潜意识里接受这个并不存在的事实。当这种停留在语言层面的爱和上文中的恐吓结合起来,对孩子造成的心理创伤是无法估量的。他们一面从家庭生活中承受恐惧,一面无助地把父母虚伪的关爱当成救命稻草,因为害怕会失去唯一的温暖,所以从来不敢向父母表示敌意。在他们心目中,拥有爱的权利与敌对意识的正常释放是必须有所取舍的存在。

通过上文对儿童敌对心理压抑的情境描述,我们不难发现其中的共同之处。由于从小就受到恐惧情绪的控制,他们在潜意识里认可了对自身处境的无能为力,并将压制敌对意识看作维系家庭关系的关键,反之则有可能让他们失去关爱。当然,敌对意识的压抑倾向也不仅是家庭教育的结果,我们在社会文化中坚持宣扬的道德观念也起到了一定的作用,子女对父母的敌意通常被学校和社会教育为不道德、不孝顺的。这让孩子们将遵从乃至无条件服从父母当成了道德高尚的体现,一旦表现出对父母的敌对和反感,就会不由自主地产生巨大的负罪感,仿佛为整个社会所共同谴责。对此的恶性循环就这么在潜移默化中成型,孩子们越是接受了这种道德教育的桎梏,就越难通过正常的渠道释放敌对意识,进而在病态的压抑倾向下导致人格的紊乱。

我们的社会在对待性的态度上就是很好的例子，无论是刻意对性教育避而不谈，还是用各种限制和惩罚进行阻拦，都使得儿童在心目中将性冲动和犯罪感牢牢联系起来，尤其是当他们的性冲动对象指向父亲或者母亲时，随之而来的自我怀疑和负罪感就会对他们造成影响，即便这种单纯的性幻想只是停留在心理层面。在这种情境下，压抑倾向俨然成为孩子们消除道德负罪感的主要途径。

随着不断的加剧或者相互组合，上述的这些因素都可以导致儿童在敌对意识的压制过程中走向焦虑。

那么，各种类型的神经症一定是由这些儿童时期的焦虑感引起的吗？遗憾的是，现阶段的精神分析学并不能对此给出准确无误的回答，但在我看来，童年时期的焦虑因素固然影响深远，却未必是神经症的必然成因。焦虑感影响程度的大小是诸多因素共同作用的结果，而其中之一就是生活环境的影响。如果某个曾经被焦虑感困扰的儿童在成长过程中更换了新的生活环境，或者所处的环境足以过滤掉焦虑因子，他心理上的焦虑感便会得到一定的缓解，但倘若周围环境无法阻挡焦虑感的产生，其严重程度自然会随着时间的累积而不断加剧。

在诸多导致焦虑感进一步蔓延的因子中，有一种是我最希望探讨的。在特定环境下产生的敌意和焦虑，是否会不断扩大影响范围，转而形成对所有外界环境的敌对呢？

就像那些成长道路顺利的孩子，他们可能有着和蔼可亲的奶奶、乐于关爱学生的老师，或者是相互分享快乐的好朋友，这些社会交往的经历会在无形之中帮助他们学会理解包容和自我保护。但那些家庭关系紧张的孩子们就没有这么幸运了，他们的敌对意识不仅仅针对家庭成员，而且在长期的日积月累中往往会向外部投射，导致对任何人的接近都抱有警戒感。而随着他们自我封闭的时间愈来愈长，社交领域的经验也就长期得不到增长，因此会加剧与外界的隔绝。尤其是当他们通过压抑行为来阻碍自己的敌对意识，由于始终得不到正常宣泄，焦虑感向外界的蔓延速度就会愈来愈快，最终从关系焦灼的家人拓展到整个世界。

在从家庭内部投射到外界之后，焦虑感仍然不会停止它们的步伐。在童年时期缺乏关爱的孩子们，总是在社会交往中带有极度敏感的特质，并且缺少必要的竞争意识，他们难免会因为他人无心的玩笑而感到自尊受损，也同样会难以在友谊中汲取满足感。总而言之，这些孩子更容易被伤害，也更难学会保护自己。

上述这些因素相互交织、相互影响所形成的心理状态，可以被理解为在内心无法消弭的孤独感以及身处敌对环境而又无力脱身的绝望感，它们滋生于个体的精神和心理，伴随着症状的加剧逐步向外界延伸。这种由于童年时期所处环境而产生的行为状态并不能被称为神经症，但它会逐渐形成某种特殊的人格结构，为各种形态的神经症提供绝佳的生长环境。在这里，我将它命名为"基本焦虑"，这样的焦虑通常会和"基本敌意"相伴而行，共同构成了神经症的决定性因素。

根据不同个体表现出的焦虑形式，我们采用精神分析的基本原理得出了这样的结论：具有基本焦虑的人哪怕在毫无外界刺激的情景下，依旧会保持着焦虑的状态，它不同于因为特殊情景触发的个体焦虑，而是潜伏在任何社会交往背后，为其奠定了基本色调。我们不妨将国家的政治局势作为神经症的形象比喻，就像在表面风平浪静的政局下，实则掩藏着诸多内在的不安定因素，这些不安定因素也许会继续在平静中酝酿，也许会表现为不时发生的抗议、罢工、游行示威等等。基本焦虑和基本敌意也是同样的运作原理，无论是否会因为特定的情境被触发，它们都共同作为内部决定性因素，操控着外部表现的模式。

但基本焦虑本身并不适用于纯粹的情境型神经症，这种病症是患者在特定情境中依据实际冲突做出的应激反应，而患者的生活交往能力却保持在正常水平。为了帮助读者理解这一点，我在这里以某位患者的亲身遭遇为例。

这位在生活中热心肠的中年女性，年龄为四十五岁，根据相关的专业检查显示，她的各项身体机能都处在完全健康的状态。但她却反映说，总是在夜晚感觉到心悸和焦虑，而且会出现大量的冷汗。大约在二十年前，受到外部环境的影响，她和一位年长于自己二十五岁的中年男性缔结了婚姻。婚后的生活美满而充实，他们在各方面相处愉快，陆续诞生的三个孩子健康而懂事，她对此深感幸福，总是勤劳地操持着一家五口的日常事务。事情大约在五年前出现了变化,她丈夫的性能力开始逐渐衰退,性格也逐渐变得古怪起来,考虑到年龄的自然因素,这位女士并没有把这些变化放在心上。七个月前,她偶然遇到了一位年纪相仿的男性,他向她表露了热切的好感,在这个时候,她那年老的丈夫就显得面目可憎起来,这让她产生了背弃婚姻的念头。但无论如何,社会的道德压力和二十余年婚姻生活的美好体验都让她下定决心将对丈夫的敌对感压抑起来,经过数次的心理干预,由敌对意识产生的焦虑感已经基本得到了消解。

就像这位女士在实际遭遇中产生并顺利解除了焦虑感一样,性格型神经症患者的个体案例同样可以用来帮助我们理解,但两者间也存在着显著的差异。情境型神经症往往会在正常人遭遇某种特殊情境时出现,他们要么对这种情境缺少正确的认识,要么无法采取正确的解决措施,导致在束手无策中产生了病态心理。但在接受了专业的心理干预后,情境型神经症的治愈要比性格型神经症容易得多,在患有性格型神经症的群体中,强大的心理阻力决定了治疗周期的漫长和难以见效,甚至出现无法治愈的现象。因此,对患者的有效治疗需要脱离症状表象的束缚,从患者的病根出发,通过改变触发焦虑的环境来缓解他们的基本焦虑。在这些案例中,精神分析既没有必要,也不可取。

我们不难发现,在触发焦虑的冲突情境和神经症反应之间是否存在着恰当的联系,是区别性格型神经症和情境型神经症的关键,后者往往并不具备这样的关联。对于性格型神经症来说,哪怕是再琐碎不过的触发情境,也会在基本焦虑的影响下导致毁灭性的反应,这也是我在下文中将要具体介绍的。

当焦虑投射向外界时,它们的表现形式和由此产生的应对措施在不同患者身上通常有着各种差异,但总体来说,这些区别只是在表象和程度上有所不同,在本质上仍然是趋向统一的。我们不妨在脑海中想象这样一幅神经症患者的画像:他们看轻自我的力量,总是感到彻底的无能为力;他们仿佛习惯了被抛弃、被恐吓、被欺骗、被侮辱;在他们的眼中,整个世界都是如此的危险而可怖,好像随时要把他们撕成碎片。我的某位病人就是如此,她在依靠潜意识形成的画卷中,把自己描绘成了弱小而脆弱的幼童,一丝不挂地面对着四周的敌人们,其中有凶狠残暴的魔鬼,有晃着獠牙的野兽,也有怒目而视的人类,都在准备着向她发起进攻。

通过对相关案例的分析,我们在神经症患者身上观察到了焦虑产生的自觉性,不管是把焦虑集中投射在少数特定对象上的妄想型病人,还是对外界环境过度敏感,以致在他人的善意中幻想出敌对感的精神分裂症患者,他们的焦虑感通常都是自觉产生,而不是实际存在的。

当然,他们中的绝大多数人都无法认识到基本焦虑和基本敌意的存在,即便有了模糊的感知,也不明白这种焦虑和敌意会对正常生活造成怎样的侵害。我曾经治疗过这样一位患者,她总是在梦中成为弱小的小白鼠,害怕被周围的人类踩伤,因此不得不终日躲在狭小的洞里，而这恰恰是她在现实生活中的心理状态。但事实上，这位患者甚至不明白焦虑为何物，更不用说认识到自己的焦虑。通常情况下，对外部世界的警惕和敌对意识有着多种多样的表现形式，既可以用"所有人都本性善良"的理念来自我麻痹，也可以在保持警戒的同时伪装出待人友善的表现，哪怕在心理上对一切人类抱有藐视的极端状态，也可以在社交中随时对他人假言奉承。

在实际表现中，患者基本焦虑的针对目标也会从人类对象转变为各种自然界事物，如暴风雨、传染病菌、不卫生食品和突发事故等等，或者演化成某种模糊的直觉，认为自己即将遭受无处躲藏的致命打击。作为经验丰富的心理治疗者，我们当然能轻易地从中发现问题所在，但这并不意味着患者愿意从主观上接受外界的规劝。只有经过充足的准备和疏导，才能帮助他们对自身的焦虑感产生明确的认识，将其关注的重点从病菌向人转移，最终让患者意识到他们对外界的憎恶并非基于实际情境，而是他们心理上的敌对意识在作怪。

在这里，我相信很多读者已经在思考这样一个问题：如果将神经症的根源归结为个体对待他人的基本焦虑和基本敌意，但这两种情绪不正是每个人都会在心中经历的吗？又为什么说它们是非正常的反应呢？要想弄清楚问题的答案，我们就需要对"正常"的两种概念进行区分。

当针对所有人类的普世观念，面对着德国宗教和哲学中"生之苦恼"的终极命题，导致神经症的基本焦虑感在某种程度上确实是"正常"的。人类的生命在诸如死亡、疾病、衰老、自然灾害等因素面前,实际上是无比渺小脆弱的,也就是所谓无能为力的状态。这种感觉往往在童年时期被意识到,并跟随着我们度过生命的每一个阶段,它和基本焦虑的确有着相似之处,但其中最大的区别是:我们在哲学意义上的无力感,并不会让我们产生对世界的敌对意识。

而"正常"的概念在当代社会文化的语境下,又有了新的内涵。那些在物质条件缺乏的环境下成长起来的人们,往往会在成长过程中积累更加丰富的经验,这些经验帮助他们学会如何防备外界的欺诈和保护自己的利益不受侵害。比起相信人性本善的理想主义者,他们更了解人们在物质匮乏的时候,会产生怎样的懦弱和求全心理。他们也许会足够坦荡,大方承认自己性格中的这些因素;也可能会拒绝敞开心扉,却依然能够从其他人身上敏锐感知到这些特质。在某种意义上,他们的确和基本焦虑的外在表现有着契合之处,但两者在本质上有着巨大的差别:在精神状况正常的情况下,人们虽然清楚地了解了同类身上的缺点,却并不会为此感到无力和焦虑,也同样不会对外界抱有敌对的态度,反而在生活中经常愿意对他人提供帮助和支持。他们和神经症患者间的差异也许来自对待童年时期经历的不同态度上,同样在不那么美满的童年中成长起来,他们可以将这些不幸转化为生活经验,帮助他们更好地融入社会,而神经症患者则感到彻底的无能为力,因此形成了病态的焦虑心理。

除此之外，基本焦虑也会让人们在对待自己和他人的态度上发生变化，具体表现为情感表达的疏离感和自闭倾向。当这种状态与个体的无力感结合起来，情感交流上的孤独会对人造成更大的痛苦，他们既需要他人的关爱和温暖，又在潜意识里对任何人的接近都抱有警惕态度，进而形成了矛盾的心理。面对生活中的压力和挑战，他们希望有人能给予自己鼓励和支持，为自己提供安全温暖的防御屏障；但另一方面，基本敌意的存在注定让这份美好的愿望化为泡影，他们一面需要他人，一面又恐惧、敌视他人，只能在焦虑和痛苦中不断寻找着并不真实存在的"安全港湾"。

人们越是在焦虑下感到痛苦，就越是倾向于采用极端的防御手段，通常包括爱、服从、权威和忍让这四种途径来抵御基本焦虑的困扰。

首先，个体承受的焦虑感可以在对爱的获取中大大缓解，而其中对焦虑的抵御作用包含着这样的心理逻辑：爱我的人，是显然不会伤害我的。

其次，我们对顺从的理解需要依据顺从行为的对象性质进行细分。在社会道德、政治和宗教层面，无论是对主流价值观念、政治领袖，还是宗教习俗的顺从，都是以特定的人物或者文化作为顺从对象。这种社会整体的顺从行为奠定了一切个体行为的准则，并且通常具有浓厚的强制色彩，虽然被要求服从的领域、内容和规范都各有不同，但其中的强制性永远是它们的共同特点。

而在日常生活中，不再拥有特定的规章制度作为对象，对他人意愿的无条件满足就成为顺从意识的表现形式，而这样的个体行为是为了避免可能导致的人际冲突。害怕遭受外界的敌意，具有顺从感的人们通常情愿忍受无端的指责和侮辱，将自身的需要让位于他人的喜好和意愿，甚至会无条件地向任何人伸出援手。深陷其中的人们不仅无法意识到自己早已被顺从心理绑架，更在潜意识里灌输带有麻痹色彩的观念，为自己的顺从行为赋予乐于助人、奉献牺牲等道德高尚的理由。从本质上说，这样的顺从状态是以牺牲自我来换取避免遭受伤害的病态心理。

我曾在上文中向大家介绍过用被爱的满足感来缓解焦虑的手段，它往往在生活中以顺从心理体现出来。人们很容易在人际关系中选择不惜一切代价来满足被他人需要的主观愿望，而无条件服从他人的意愿就是这种心理的行为模式。根据心理状态的差异，不同人群在这个问题上也有着不同的表现，对于部分患者来说，他们已经彻底丧失了对爱的信任能力，无论顺从的程度多么彻底，都无法从中汲取被爱的幸福感，只能通过无条件的顺从来换取外界的保护，增加心理上的自我安慰。

第三种缓解基本焦虑的途径是对权力的绝对掌控，这里的权力可以是社会地位、名誉和荣耀，也可以是物质上的财富和智力上的优越感，乐在其中的人们相信只要握有至高无上的权力，就不会受到任何人的伤害。

在上述的三种途径中，人们都是通过与外部世界的硬性抗争或者软性妥协来缓解焦虑的困扰,而最后一种方式就更加偏向于逃离和隐遁,也就是退缩。当然,这并不是说彻底告别文明世界,成为久居沙漠或者深山老林的隐士,而是将外界中他人对自己的影响彻底隔离,不管是心理需求层面,还是物质需求层面。为了避免在汲取生存所需物质资源的过程中不得不融入外部世界,他们通常会对财富持占有态度,以此为日后的自我隔绝打下物质基础。这类人群对财富的汲取目的不同于常规的享受类型,因此在财富的支出上也要谨慎得多,乃至将物质花销缩减到最小范围。他们始终带有这样的焦虑:倘若出现任何意外事故,就不得不因为物质的匮乏而被迫进入外界,从而导致精神上的痛苦。

至于在内部心理层面的隔绝方式,往往是将自己和外界的感情联系彻底割断,因此,任何情感上的矛盾冲突都无法对他们造成伤害,这也同时意味着正常的感情需要被人为阻碍,无论是对于自己还是外界交往,都带有毫不在意的态度,尤其在知识界最为显著。当然,这种毫不在意的态度并不代表着认为自己存在感低下,两者既相互矛盾,又可能同时存在。

虽然顺从和退缩都意味着放弃自己的意愿,但顺从行为的本质依旧是通过退让来获取外界的认可和保护,而退缩行为的最终目标则是彻底脱离于外部世界,达到自我隔绝的状态。他们认为只要不靠近、不接触他人,就不会受到伤害。

以上四种途径对缓解焦虑的影响作用,主要取决于它们的强度大小,而隐藏在内部强度背后的,是个体对安全感的渴求程度。当这种渴求感强烈到一定程度，将释放出不亚于本能驱动力的能量，事实上，人类的主观意志在某种程度上甚至可以比性冲动更加强烈。

在不违背社会道德共识的基础上，这四种方式中的任何一种都可以为个体提供他们所需的安全感，但这份来之不易的安全感往往要以健全人格的萎缩作为代价。在提倡妇道和男权至上的文化语境下，对丈夫的要求无条件顺从的女性确实可以获得某些安全感；全心全意追求地位和财富的君主，也同样能够在至高无上的权力中感到安全。但在朝着目标发起猛烈追逐的过程中，强烈的意志通常会让我们打破所在环境的平衡，进而引发新的冲突。此外，许多神经症患者在焦虑感的困扰下，往往会将以上四种手段混杂在一起：既希望通过摄取权力，从统治中获得安全感，又渴望得到他人的温暖和关爱；既在交往中无条件地顺从他人的意愿，又总是向他人施加自己的意志；既对外界的一切保持着警惕和戒备，又期望被外界理解。这些从本质上相互冲突、根本无法解决的矛盾最终导致了神经症的产生。

在上述的几种内在冲突中，由同时追求爱与权力引发的冲突是最为常见的，我将在后续的章节中对此做出更加细致的解读。

总而言之，我对神经症结构的看法和弗洛伊德将其总结为"生物性需求与社会观念间矛盾冲突"的说法在本质上并不存在冲突。我当然认可个体的主观意愿和文化抑制之间的矛盾会对神经症的形成造成影响,但它在构成必要条件之余,却未必是神经症的充分条件。当个体的意志被其所处的社会环境压制时,情绪上的痛苦、意愿上的主观压抑都可能是这种冲突导致的后果,而只有人们在冲突的过程中逐渐形成了焦虑感,并且在试图缓解焦虑感的尝试中,由于多种防御机制的互相矛盾而产生了新的冲突,这才构成了神经症产生的充分条件。

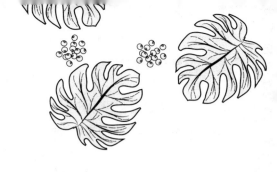

第六章
对爱的病态需要

在上个章节中介绍的四种手段,显然已经成为当今时代许多人借以缓解焦虑感的必备途径。有人希望得到他人的关爱和认同,便努力提升自己的人际交往能力、做到全力以赴;有人习惯于顺从外界,便在一切决策中扮演好服从者和执行者的角色;有人喜欢将欲望倾注在权力和名誉的攫取上,渴望翻手为云覆手为雨的掌控感;也有人把自己彻底从外部世界隔绝开来,做一名精神上的隐居者。读到这里,也许有些读者会提出这样的问题:我们怎么能确定以上四种表现是用来抵御基本焦虑的防御机制,而不是人们与生俱来的正常性格倾向呢?事实上,这个问题所提到的两种可能性从来都不是非此即彼的二元对立存在,它们既不互相冲突,也不互相排斥。在我们所有人身上,也许都能同时表现出渴望关爱、偏向顺从、向往权力和自我隔绝的心理因素,而这些因素或多或少的存在并不意味着我们具备神经症的倾向。

某些社会文化的主流语境同样受到了这些心理因素的影响，甚至在社会观念中占据着主导地位。玛格丽特·米德就曾经指出，阿拉佩希文化素来推崇群体中的母爱关怀和顺从意识；而夸基乌特尔人则像露丝·本尼迪克特所说，在攫取权力和威望的道路上不惜采用种种残忍的手段；至于在佛教中，退缩心理也被称为"出世"，即脱离外部世界、寻找精神自由及解脱之道。

以上关于个体和社会文化的诸多例证并不是为了否认这些心理因素的正常运用范围，而是在试图说明，它们也同样可以作为抵御基本焦虑的方式。但当个体通过这些途径来对抗焦虑时，尽管的确能够从中获取些许安慰，它们的内在性质却也发生了改变。在这里，我想运用一个生活中常见的事例来帮助大家理解，当我们试图攀爬一棵树时，行为的驱动力既有可能是身后正在疯狂追逐的猛兽，也可能只是茶余饭后的健身需要，或者在风景独好时登高远望的愉悦感。在相同的行为下，两种动机的性质是完全不同的。前者是为了保护自身安全而不得不做出的应急措施，而后者只是单纯为了娱乐和放松。在被猛兽追逐时，要想顾全自身的安全，我们除了爬树别无其他的选择，但倘若出于放松身心的目的，我们仍然拥有是否要爬树的选择自由。在准备锻炼身体时，我们可以从诸多树木中挑选最容易攀登，或者视野最好的树木；但当猛兽的獠牙近在咫尺时，越来越紧迫的危险感让我们不得不在最短的时间里寻找到安全的庇护场所，它既可以是任意一棵树，也可以是房屋、旗杆等能够躲避野兽追捕的所在。

在动机不同的情况下，人们的行为特性和个体感受也是截然不同的。当我们是在主观意愿下做出某种有益于自身的行为，那么该行为的过程就具有自发性和主动性的特征；倘若危险带来的焦虑感成为行动的驱使因素，人们在行动中就会带有强迫性的特征，并且无法根据个人喜好做出选择。当然，在以上两种状态之间，通常存在着一定的过渡阶段。就像在饥饿和性冲动的影响下，人们同样会因为匮乏感过于严重，从而不加选择地采取某种强迫性手段；而在正常情况下，这本应是受焦虑控制的驱动力的特点。

根据上文关于两者差异的表述，是否从行为中获得愉悦感也是区分驱动力性质的重要标准，但它往往却并不容易辨别。在以饥饿和性冲动为代表的本能驱动力被极度压抑的情况下，对这些压抑感的释放往往会与焦虑感的缓解具有相同的表象特征：它们都难以通过日常生活得到发泄，都会以强烈的影响力对个体行为进行驱动，当最终获取满足时，从中释放的愉悦感也同样是激烈而兴奋的。

我曾在上一章节中向大家介绍过四种焦虑防御形式的共生关系，无论是渴望关爱、倾向顺从，自我隔绝，还是对权力地位的极度渴望，它们都可能同时存在于个体意识中，并在获得满足后释放出巨大的愉悦感。此外，积累在心里的敌对意识也可以借助这些渠道进行发泄，进而对焦虑感起到缓解作用。

现在，我们已经对焦虑感的驱动作用和驱动形式有了初步的认识，在这些各不相同的驱动形式中，有两种类型对神经症的产生起到了重要作用，它们分别是对爱和权力的极度渴望。

在大多数神经症患者身上，我们都能轻易发现对爱的病态渴求，它甚至可以被当作判断焦虑感是否存在，以及焦虑感存在强度的显著特征。我们不妨站在患者的角度进行一番设想，倘若这个世界总是对我们抱有敌意、处处责难，因此产生的无能为力感就会导致我们对外界关爱的渴求，我们希望得到他人的关怀和肯定，借此来缓解心理上的焦虑和不安全感，这是最简单有效的途径。

由于受到神经症的干扰，患者们在看待自我的方式和标准上往往与正常人存在着差异。在他们看来，自己是如此的孤独、弱小、值得同情，而唯一渴求的仅仅只是得到他人微乎其微的关怀与赞赏，并且向他人传达自己的爱和情感。但这样的自我判断并不总是准确无误，尤其是在他们无法意识到自身存在的种种性格弊端，如过度敏感、敌意强烈和强迫他人意愿时，这些长期被忽略的行为特征让他们难以真正融入社会交往，并在人际关系和他人印象的判断上严重失准。也正是因此，他们的友情、爱情、婚姻和事业总是以失败告终，在一次次的失败中，却从未认识到自身存在的不足，而是将一切怪罪于他人的蓄意破坏，无论是配偶、朋友还是事业伙伴，都可能被他们冠以背叛、虚伪、冷漠等负面评价。也许在某些时刻，他们会怀疑自己不具备人际关系方面的特长，随即又继续投入到对爱的无休止的追逐中。

如果对神经症患者在社会交往中的频繁失败进行深入研究，我们不难发现他们思维模式中的自我欺骗，这在很大程度上源于焦虑感和敌对意识间的相互作用。正如前文中曾向大家介绍过的理论所言：长时间遭受压制的敌对意识会造成焦虑感的产生，而无法排解的焦虑感又会反过来促进敌意的积累。综合了上述种种影响因素后，神经症患者最终陷入了既渴望得到爱，又无法去爱的被动局面。但，究竟什么是爱？这个词在我们的社会文化中又有着怎样的意义？对此，我们经常在生活中听到这样的阐述：爱是一种付出并收获情感的能力。在某种意义上，这样的表达确实包含着部分道理，但当运用在精神分析领域，我们就需要用到更加具象、严谨的理论进行概括。首先，就大多数人而言，对爱的接纳远远比付出更加容易，这就决定了对爱的定义需要将给予能力作为首要出发点。它是被用来表达对他人的认可和赞美，还是担心将失去他人的青睐和好感？或者是想借助爱的名义来操纵他人？显然，我们并不能依靠这些在形式和性质上各不相同的外在特征对"爱"做出界定。

在此，我们不妨稍稍转换下思路，尽管难以准确地定义爱，但这不影响我们将违背爱的表现和意识排除在爱的定义以外。众所周知，即便是彼此相爱的人，也会不可避免地在相处的过程中出现愤怒呵斥、拒绝对方要求，以及对亲密关系冷处理等行为，但这些情绪的冲突往往都是在外部因素的影响下产生的。在这方面,神经症患者的行为特征就是另一种截然不同的模式,他们早已习惯对任何关系保持高度戒备,将其他人的任何个人兴趣都看作是对自己的冷淡,哪怕是再合理不过的要求和建议,也会被他们当成强迫意志的行为,这当然就不能算是爱了。换句话说,爱是愿意接受他人对自己的善意批评,在外界的帮助下完善自身的人格,进而向他人回馈以更加优秀、亲密的关系。而神经症患者的表现却是在要求他人做到十全十美的同时对他人的劝慰投以敌对态度,他们在潜意识里流露出这样的态度:"要是不能像我说的完美,那还是早点滚蛋吧。"

此外,虽然我们对爱的定义有很多种解读,但在道德观念上,从来不会容忍"利用爱意操控他人,以满足自身利益"的恶意行为。在这个方面,某些人往往会将爱作为手段来换取性关系和权力地位方面的个人收益,而缔结婚姻也是其中的典型方式。当然,这种主观意愿层面的利用需要我们仔细甄别,尤其在涉及个体心理时,许多神经症患者往往在心理上笃信对他人的情感需要,但实际上只是出于对另一方的地位崇拜。主观心理上的崇拜感总是会随着时间和心理变化而消退,在这时,他们便开始试图抛弃乃至在心理上厌恶对方。

在感情付出上的绝对利己主义固然应该被谴责,但纯粹的利他主义和奉献精神同样不是对爱的正确诠释,在付出情感时完全不需要对方给予回应,这种单方面的牺牲看似伟大,却恰恰是不愿意真正付出爱的表现。希望从所爱的人身上获取诸如愉悦、支持和感动等情感回馈正是每个正常人所具备的心理，在某些特殊情境下，我们甚至期待对方为自己做出牺牲。我们一面对爱抱有美好的愿景，一面为爱勇于完善自我，这种正向的激励机制构成了健康持久的感情关系，也是将我们和神经症患者区分开来的标志。简而言之，真正健康的爱是对感受和反馈的注重，而对爱的病态渴求则是将其作为抵抗焦虑、获取安全感的手段。当然，这两种状态同样不是极端对立的状态，在其中仍然存在着许多过渡阶段，要求我们在分析研究的过程中时刻保持着严谨细致的态度，以免将不同的概念相互混淆。

对于那些渴望通过爱意消弭焦虑的人来说，他的主观意识里充斥着各种交织错乱的心理倾向，让他既不能认识到心理层面的焦虑感，也不知道他自以为纯粹的爱意其实只是用来战胜焦虑感的工具。而他之所以产生这种情绪，也许是因为对方在某个时刻恰巧表现出关怀和温情，让他误将其当作爱的表达，也让他深深地依赖、迷恋，乃至无条件地信任对方。那个无意间在他心里播撒下爱意的人，也因此在地位上被无限放大，延伸为一切有关爱与温暖的期望，尽管造成这个错觉的可能只是某件细微的小事。它可能是某位颇具影响力的人物向他展现出亲切随和的态度；可能是在外界面前坚毅刚强的人对他的亲切问候；可能是在亲人、朋友等人际关系中偶然收获了鼓励和帮助；也可能来自心理和生理层面性冲动的积累，长期得不到释放的性压抑同样会在表象上以爱的形式显现。类似的关系在实际案例中还有很多，它们都在患者的主观意识里和爱紧紧地捆绑在一起，尽管两者在本质上并不相同。事实上，这些以爱为借口的行为只是为了满足自身的某种需要，而当需要和欲望无法被满足，由此而生的情感寄托也就不再有意义，最终便会发生巨大的转变。在这种虚假的关系里，所谓爱情的忠贞和坚定是不可能存在的。

我们便由此引申出了关于爱的本质特征，虽然在上文中进行过抽象说明，但为了方便读者理解，在此还是有必要进行着重强调：所谓失去给予爱的能力，是指在某段关系中，拒绝对他人的人格、喜好、需要、缺陷以及个体发展予以关注。神经症的影响依旧是掩藏在这种状态背后的本质原因，它让患者时刻处在对爱的极度渴求中，就像拼命挣扎的溺水者往往会竭尽全力抓住每次得救的机会，却从未考虑对方是否有能力救他上岸。在某种程度上，这也是患者敌对意识的表现，它通过以爱为名的过度关心和自我牺牲来掩饰心理上的嫉妒感，但它却无法阻止由于爱的缺失引发的各种问题。在一段婚姻关系中，没有能力真正给予爱的妻子可能会时刻以忠贞和深爱丈夫自居，每当丈夫忙于自身的事业，或者专注于个人兴趣和社会交往时，她就会闷闷不乐，甚至斥责、辱骂对方。同样的例子也发生在家庭关系中，那些对子女过度宠爱的母亲在愿意为子女付出一切的同时，又总是以蛮横强硬的态度干涉子女的生活。

这也是神经症患者在爱的付出中经常犯下的错误，他们从未认识到自己对爱的病态渴求，反而将此误以为是自身对爱的敏感和情绪表达的充沛,无论针对的是特定几个对象,还是外部世界的任何人。于是,他们一面坚定地抱有这种病态观念,一面不肯正视内心存在的敌对意识,进而陷入了对爱求而不得的被动局面。从逻辑上来说,任何人都不可能在不断被敌视、警惕,乃至正常生活工作被干扰的情况下,仍然愿意向敌意的发出者传递关爱和温暖。而神经症患者却无法认识到这个道理,要想达到两者间的平衡,唯一的方法就是把他们心理上的敌对倾向彻底消除。总而言之,他们在对爱的渴求中,既具有将普世意义的爱和个人欲望相混淆的矛盾冲突,又能够在剔除敌对意识的情况下,让这种追求变得可行。

在试图通过爱来缓解焦虑时,神经症患者通常还面临着另一个障碍,当他们费尽心思最终获得——即使是暂时获得——渴求的爱时,却发现自己在爱的接纳方面同样存在困难。在我们的想象中,那些对爱充满渴望的患者在达成愿望后,必然会像沙漠中长期跋涉的旅者见到绿洲般兴奋。事实上,尽管这种愉悦感的确存在,但并不会持续很久。在诊治患者的过程中,经验丰富的医疗工作者往往会对患者表现出春风化雨般的亲切态度,热心关照患者的心理情绪和日常起居,即便并未对其进行任何治疗,患者情绪上的改善也可能会对疾病的治愈起到促进作用。伊丽莎白·芭蕾特·白朗宁的案例就恰好印证了这样一个道理:哪怕是治疗难度再大的性格神经症,当患者持续受到他人的关怀时,他们也会将此理解为自己仍然被他人需要、关爱,无论神经症已经到了多么严重的地步,都可能在患者主观情绪的极大改善下实现痊愈，至少起到缓解焦虑、减轻神经症影响程度的正面作用。

但以上谈到的一切终究是建立在神经症的基础上，这决定了患者从爱中汲取的满足感和安全感必然是短暂而浅薄的，他们在潜意识里仍然对这些持有怀疑态度，不仅是拒绝相信这样的爱情本身，更是认为自己没有资格拥有真正的爱情。在这个问题上，任何事实上的依据都不足以动摇他们的念头，这种思维观念早已深深扎根在他们的内心深处，尽管在表现形式上难以被患者发觉，但起到的影响作用却是深远的，而且无法被消除的。在患者的外部表象中，这种心理通常以对待情感和人际交往时毫不在意的心态作伪装，而在产生的根源上，这同样可以看作是对爱缺乏给予能力的表现。要知道，我们既然能发自内心地向他人表达爱，也就一定会相信这份爱意能从他人那里得到相同的反馈，并怀着愉悦满足的心情接纳他人的爱，这恰恰是神经症患者无法做到的，他们无法给予爱，自然就无法接纳他人的爱。

当焦虑感积累到一定程度时，会让个体对任何来源的爱都怀有警惕，在接收到爱的信号时，他们会在第一时间将其转化成怀疑和警戒感，认为其背后隐藏着某种恶意的动机。哪怕是在接受心理治疗的过程中，他们也会将医师的悉心照顾和专业治疗看作其职业晋升的需要，将任何鼓励性质的话语都视为缓解焦虑的治疗方法。我的某位病人就曾在自己精神极度抑郁的阶段拒绝我每周就诊的建议，在她看来，这是我对她自主意识和精神状况的蓄意侮辱。倘若某位神经症患者被美貌动人的少女表达爱意，他必然会将这种示好理解为另有动机的阴谋，或者纯粹是为了取乐的恶作剧，因为他无论如何都不会相信，自己值得这位少女付以真心。

　　面对爱意时的怀疑只是他们心理反应的第一个层面，他们往往会在怀疑否定后陷入对爱的焦虑之中。在他们眼中，爱的强大诱惑力就像是随时为他们张开的天罗地网，一旦为爱所沦陷，就意味着卸去了所有防御，赤手空拳地暴露在外界的危险下。尤其是当神经症患者确认他人的爱确实是发自内心时，他们便会产生极度的恐惧感，并伴随着不同程度的逃避心理。

　　严格来说，对于那些在情感上对他人拥有病态依赖的神经症患者而言，陷入爱情的确是一件带有危险性的行为，这意味着他们会走入另一个极端，也就是对他人彻底依附，进而完全丧失自主能力。正因为如此，神经症患者会在面对他人的情感表达时选择拼命逃离，甚至将对爱的渴求暂时抛在脑后，他们清楚地知道：一旦对他人形成了情感依赖，就无异于承受更大的风险。为了将这种风险扼杀在摇篮里，他们会采用自我麻痹的方式，将所有的好感和正面情绪通通销毁，坚持向自己灌输对方的另有所图和敌对倾向。这一系列的思维模式就如同在野外迷路的流浪者，他们一面疯狂地寻找食物充饥，一面又在找到食物后害怕有毒而拒绝进食。

　　总而言之，当饱受焦虑摧残的神经症患者开始借助爱的名义来寻找安全感时，就注定了他们难以获得他人真正的爱，即使费尽心思寻找到了渴求的爱意,也会因为害怕遭到伤害而选择逃离。正是导致了这种渴望感的基本焦虑,让这份需求永远无法得到满足。

第七章
再论对爱的病态需要

被他人喜欢,是绝大多数人都希望得到的感受。我们为这种感觉而满足,也为始终无法获取他人的爱而愤怒、沮丧,尤其是当我们处在儿童阶段,被他人需要的感受在心智的健康发育中扮演着极其重要的角色。但究竟是怎样的因素,让这种对爱的普遍追求在个体成长中逐渐发展成为病态的心理呢?

在我看来,所谓儿童阶段的幼稚心理绝不应该被视为这种病态渴求的本质根源。事实上,任何一种导致对爱的病态渴求的因素都与所谓的幼稚需要毫无关联,两者之间唯一可以被称为共同点的,就是他们都会有彻底的无力感,但即便如此,引发无力感的情境也是截然不同的。正如我曾在上文中提及的,心理上的基本焦虑、敌对意识,以及丧失对爱的信任能力才是导致病态渴求的先决条件,这与我们在儿童阶段的普遍特质是毫不相关的。

因此，对爱的强迫心理也就成为驱动着人们病态追逐爱的首要特征。在强迫性焦虑的影响下，人们往往会失去意识层面的自主和应变能力。用通俗的话说，爱的获取本应是正常生活中的意外惊喜，以及鼓励我们不断完善自我、回馈他人爱意的精神动力，但对于神经症患者而言，这种奖赏机制变成了他们维持正常生活的唯一依靠。虽然两种模式都会在被爱的情况下感到愉悦，但关键的差别在于，从爱中获得的愉悦感成为神经症患者生存的必需品，让他们在追求的过程中不惜以牺牲正常生活为代价。我们不妨将爱比作可口的美食，正常人能够拥有对美食的鉴赏能力，也会根据自身的饥饿情况来适度摄入食物；而神经症患者就像是长期处于饥饿状态，不得不冒着被撑死的风险在餐桌上风卷残云，并且永远无法获得饱腹感，最终对身体机能造成损害。

在强迫心理的影响下，他人的喜爱被神经症患者在潜意识中放大了意义，虽然它在实际生活中远没有他们臆想的重要。我们从来都不会期望所有人都对自己投以喜爱，而是将期望的范围固定在我们的家庭、好友和工作伙伴上，在这些我们赖以生活的交际圈层外，他人的看法通常是无关紧要的。但神经症患者却不这么认为，在他们眼中，自己存在的全部意义早已和外界的喜爱程度画上了大大的等号，一旦失去了他人的喜爱，便无法从生活中获取幸福感。

无论是家人、朋友、同事，还是偶尔光顾的理发店造型师，乃至是在派对上第一次见面的陌生人，都有可能成为他们期望获取爱的对象。在这样的情况下，哪怕是在电话和日常问候里无意流露出了不同于以往的热情或者冷淡，也会让他们的心情在瞬间改变，甚至扭转了对生命的看法。这也就引申出了神经症患者的另一个特征，他们总是会在独处的时候感到孤独，进而陷入狂躁或者恐慌的极端情绪之中。当然，那些在任何情境中都会感到无所事事的人并不在我所指的范围内，大多数无法接受独处的神经症患者，在社交和工作中往往表现得精力充沛、富有团队精神，但当他们从热闹的环境中抽离出来，便会无法适应独处的环境。也许在这种对他人陪伴的依赖感中，也会不可避免地存在着其他因素，但对爱的极度渴求依然是其中的主导力量，让他们无法停止与外界的接触。在神经症患者看来，这是他们在这个孤独的世界上获得拯救的唯一途径，也是帮助他们摆脱孤独感的救命稻草。观察分析表明，随着焦虑感的持续增长，他们对独处的抗拒也会日益严重。但并不是所有的患者都会对独处产生强烈排斥感，有些人会根据自身的焦虑感设置独特的防御机制，帮助自己接受独处的情境，而一旦这种防御机制在精神分析的过程中被打破，由此产生的焦虑感便会让他们对独处产生剧烈的恐惧，尽管会在心理上造成一定程度的损伤，但总体而言，这是他们在治疗过程中必须要承受的过程，并且在长远上是有利于消除焦虑感的。

  对爱的病态渴求也会集中在特定对象上，可能是家庭关系中的丈夫或妻子，也可能是朋友、医生等等。对具有这些特征的患者来说，当欲望投射的对象在生活中持续给予他们所需的呵护与温暖，他们会由此感觉到意义重大，但也会在同时面临着一个无法解决的悖论。首先，从他人身上获取的爱意固然会让他们产生满足感和愉悦感，也会让他们在失去关爱时感到悲伤沮丧。但当他们与自己渴望的对象面对面相处时，却总是难以从中感到快乐。虽然看起来有些不符合常理，但这个问题其实不难理解：神经症患者只是通过与他人相处来获取安全感，本质上还是为了摆脱焦虑和恐惧的需要，而不是从内心发出的爱意。这并不是说他们无法产生真正的爱，只是两者在性质上的差异决定了它们不可能在相同的个体上彼此契合。

这种对爱的渴求在某些情况下也会脱离个体的范畴，进而延伸到部分带有相同爱好、追求或者利益的群体中，而在群体中起到联结作用的，可能是政治意见和宗教派别，也可能单纯是性别的划分。如果某位神经症患者恰好对异性群体寄托着安全感，这就很容易对他们自身和外界造成一定的迷惑作用，将其视作两性间交往繁衍的正常现象。尽管他们同样会和正常人一样，在缺乏异性伴侣时感到郁闷沮丧，但不同的是，他们会频繁地展开并结束每一段异性关系，却始终无法从中收获恋爱带来的精神愉悦感。因为这从来都不是他们对爱情的真正追求，只是希望能借此拥有异性陪伴的安全感，至于自己是否能够向对方付出爱意，并不在他们的考虑范围内。正因为如此，他们也就难以从中获得愉悦感和满足感，这不仅是在精神层面，甚至在生理上也是如此，而当这样的内在矛盾具体到个体，所表现出的形式也要更加复杂多变，在此，我只强调焦虑和爱的需要所发挥的作用。

上述对异性的病态渴求在男性和女性中都会存在，对异性的极度渴望甚至让他们难以接受与同性共同相处的情境，以致在相处时产生紧张局促感。

而当迫切的需要感投射到同性群体身上时，它便可能会成为导致同性恋倾向的关键性因素。

这种非先天性的同性恋倾向也许是由于对异性的渴求长期无法得到发泄，不断增强的基本焦虑让他们逐渐对异性产生敌对意识，进而将获取爱的需求转移到同性群体上，试图通过同性接触来对抗焦虑。

对神经症患者来说，爱的获取被赋予了十分重大的意义，以致他们往往在潜意识里愿意为爱牺牲自己拥有的一切。在实际生活中，无条件依从他人通常是这种自我牺牲的普遍表现，他们尽可能地表现出赞赏、钦佩和忠诚的态度，哪怕是对他人提出的错误意见，也丝毫不吝啬自己的赞美之词。这并非是他们已经丧失了辨别是非的能力，而是他们会对自己评判他人的意识倾向表现出强烈的压抑和焦虑感，无论这种批评是多么地真诚、可贵，他们都会害怕因此失去他人的好感。倘若这样的顺从感进一步发展，甚至会让他们彻底放弃了自我肯定的主观意愿，选择以自己的人格健康为代价，任凭他人肆意责骂、羞辱。假如某位患者渴望获取爱意的对象恰好以糖尿病医学为职业，那么他可能会为了获取对方的注意，希望患上糖尿病，借此增加和对方相处的机会。

通常情况下，人格上的顺从倾向会伴随着感情上的无限依赖共同出现，呈现出相互交织、相互影响的共生关系。这主要源于神经症患者在心理上的无力感，渴望能处在某个对象坚实的保护壁垒下。但事实往往与他们期望的相反，对他人的强烈依赖感很可能会摧毁他们的正常生活。他们精神世界存在的意义完全被寄托在他人的一句问候、一个微笑上，倘若在某段时间内得不到他人的联系和关注，心理上逐渐累积的焦虑感便会让他们陷入彻底的崩溃状态。尽管能意识到这种状态对自己的负面影响，但他们依旧被困在其中，无法从焦虑中逃离。

事实上，由于在内部交织着大量的矛盾关系，我们很难从患者的感情依赖中理清其内在的结构。当某个人长期在人际交往中处于无条件服从状态时，这种不对等的交往关系通常会催生出强烈的敌对意识，让他们开始憎恨自己的无能为力。但他同时又具有对爱的极度渴求，使其不得不继续这种顺从倾向，由于难以正确认识到病态渴求感的实际来源，他们便顺理成章地将敌对意识投射到他人身上：正是他人采取的种种手段，让自己无法从顺从心态中摆脱出来。尽管如此，心理上对爱的病态渴望决定了他注定要将这种敌对意识牢牢压制，而得不到释放的敌意随即又加剧了他的基本焦虑，导致与他人的交往关系被赋予了更大的意义，让他日益渴望获得他人的保护。如此重复的心理过程在本质上仍然是基于神经症患者的强烈恐惧感，他们害怕自己的生活会因丧失外界的爱而被彻底摧毁，但当这种恐惧感累积到濒临爆发的边缘时，也可能会逼迫他们强制切断对他人的依赖，独立构建出新的防御机制，来抵抗焦虑感的入侵。

在这样的情况下，曾经对他人的极端依赖就会以另一种截然不同的形式在个体身上表现出来，令他对任何与依赖他人类似的行为产生强烈的抵触情绪。我们假设有这样一位女性，她在过去的每段恋情中都极度依赖对方，这最终导致了感情的破裂，而当她完全切断了这种依赖心理时，就开始对所有异性都产生了厌恶疏离的情绪，无法在两性关系中感到愉悦，更不必说付出任何的真挚情感。

即便是神经症患者认识到了自己面临的困境，他们也难免会在精神分析的治疗过程中不自觉地取悦医生，试图通过表现出理想的治疗状态来获得医生的赞许。但对实际的治疗效果来说，这种刻意的顺从行为显然是有害无利的。在大多数情况下，很少会有患者愿意在心理治疗中投入过多时间和精力，他们要么害怕在治疗中遭受精神上的痛苦，要么不想耽误太多宝贵的时间。而带有顺从倾向的患者却并不如此，他们会在治疗中对不必要的个人经历大书特书，频繁地谈论各种趣闻试图让医生感到愉悦，甚至在潜意识的梦境里都流露出对取悦医生的极端渴望。此时，他们早已忘记了自己接受精神分析的最初目的，转而把一切行为的目标都集中在医生身上。当然，他们投射需求的对象可能是任何一位精神分析医生，并且在任何情况下都可能对医生产生浓厚的欲望，在他们眼中，每一位医生都是如此的富有道德与魅力。我们可以从中看出，这部分神经症患者在渴望得到爱意的对象上是不具有主观选择性的，也无法认识到对象之于自身究竟存在着怎样的意义和影响力。

这也就是我们常说的"移情现象"，当涉及患者对医生的表现上，它涵盖了患者的一切非理性情绪。但我们讨论的范围要比"移情现象"更加具体，也就是患者在移情现象中对医生的情感依赖。这种情感依赖产生的原因已经在上文中得到了充分说明，受到焦虑感的驱使，神经症患者会向能够提供保护的群体产生强烈的依赖感，如亲人、好友等等，这当然也包括为其进行精神分析的医生。但关键的问题是，这种情感依赖为何在发生的频率和程度上是如此的强烈？答案就隐藏在精神分析对患者的影响中，准确来说，是患者构建的自我防御机制在精神分析的过程中被逐渐打开，曾经以此阻挡的焦虑感也就在短时间内充斥着患者的精神世界，让他们在恐惧中渴望寻求医生的保护。

然而，此处的"寻求保护"并不等同于幼年时期对爱的单纯渴望。儿童生活自理能力的缺乏决定了他们不得不通过父母的关爱来获得充分的发育空间，这种依赖感纯粹出于自发的选择，而不带有任何强迫性色彩。

另一方面，神经症患者对爱的渴求是注定无法被满足的，这个特性就是与童年阶段依赖感的本质差异。对于心理健康的儿童来说，和睦温馨的家庭成长环境让他们丝毫不用对父母的关爱产生任何怀疑，因此也就只会在必要的时候向父母寻求帮助，并因为家长的帮助而感到幸福愉悦。而那些心理上存在病态的儿童就会表现出更多的不满足感，他们时刻期待得到外界的关注，以致通过哭闹等方式来验证父母是否对他们怀有关爱。

这恰恰就是神经症患者表现出的贪婪欲望，他们永远迫不及待，永远希望得到更多，哪怕已经远远超过了自己的实际所需，也依旧得不到满足。通常来说，长期被压制的欲望很可能借助某些契机突然爆发，以惊人的形式表现出来。倘若某位患者在生活消费中向来节俭，那么他也许会在某次购物时突然被焦虑操控，一次性购买了四件原本并不需要的外套。无论是在不经意间的生活习惯，还是在某些情境下像火山喷发般的猛烈释放，都是强烈的欲望所表现出的不同形式。

在许多精神分析学家创作的文献中，这类无法被满足的欲望和由此引发的抑制倾向都被统称为"口唇欲"。这样的学术论断显然具备着极大的研究价值，它把众多患者显露出的个体倾向进行了归纳总结，形成了整体意义上的症候群分类。然而，我却不完全认同将上述所有的行为倾向都归结为口唇上的快感：尽管对食物的过量摄取往往是贪欲最普遍的表现形式，部分患者也会在潜意识梦境中展现出关于吞咽的原始欲望，但这些还不足以佐证口唇欲的根源影响作用。在这方面，我更倾向于另一种观念，不管是什么真正导致了贪欲的形成，这种欲望都会以对食物的极度贪婪表现出来。简而言之，嗜吃只是展现贪欲最直接的象征形式。

当然，我也并不认同在所谓的口唇欲里隐藏着力比多性质，它同样无法通过充足的论据加以验证。要知道，患者永无止境的欲望往往有着繁多的表现途径，它可以是在性行为中的无度放纵，可以是在梦境里将性行为视为咬食，也可以是对物质、权力和社会地位等的疯狂追逐。在某种程度上，这就像人们在性欲望的驱动下让渴望程度不断加深，但在拿出更加确切的证据之前，我们不能将这种贪婪完全等同于性驱力，尤其是当力比多性质尚未在其他形式的驱动力中被发现时。

截至目前，我们仍然无法彻底掌握贪婪的本质。但根据现有的众多案例，我们可以确认焦虑对其的推动作用，尤其是在部分患者对待食物和性行为的病态倾向上。当然，贪婪和焦虑间的内在联系远远不仅这些，它们还在彼此的剧烈程度上有所关联。如果某些个体从生活、交际和事业上的成功中获取了愉悦和安全感，他们受到贪婪欲望的影响就会逐渐消减，甚至从贪婪中彻底摆脱出来。例如收获他人的青睐、得以从事自身热爱的工作，从中获取安全感的患者可能会从此不再暴饮暴食，或者毫无节制地消费。相反，那些容易激发焦虑的情境则会让人们表现得更加贪婪,欲望的影响程度也会随之加深,诸如在前往恐怖演出前大肆消费,在被他人孤立后疯狂增加食量。

但并不是所有在心理上承受焦虑的人都会表现出贪婪的特征,这也就是说,在焦虑感之外还有着其他因素与贪婪相互影响。在我看来,那些拥有无休止欲望的群体确实还具有另一重共性:由于对自身能力的否定,他们的一切需要都只能通过外界获取,而他们同样不愿意相信外界会慷慨地给予他们帮助。这里所指的需求不仅是对爱的索取,还包括面对困难的解决对策、性行为的满足、具体问题的建议和规划等层面的因素。这些种类繁多的需求在有些情况下可以解释为渴望被爱,另一些时候则与爱的欲望在表面上毫无关联,这也让外界形成了一种印象,认为神经症患者只是在以爱的名义来索取利益,实际需要并不是获得爱本身。

由此便有了这样的问题:患者在物质层面的欲望是否真的是贪婪的基本特征?对外界关爱的渴求是否只是他们用来攫取物质利益的伪装?这个问题并没有标准答案。一方面,患者往往会以占有带来的满足感来作为防御机制缓解焦虑;另一方面,在对各种事物的占有中,由爱带来的愉悦感确实是最关键的部分,只是会在压抑倾向的影响下难以展露出来,进而在表面上造成了过度注重物质而非爱意的错误印象。

根据大量的案例分析,我们不妨用三种类型对神经症患者来进行划分。

第一种类型的神经症患者单纯把爱作为他们的追求目标,无论借助怎样的手段,也无论最终是否能成功获得外界的爱,他们对爱的渴望始终都是明确、统一的。

第二种类型的神经症患者最初也存在着对爱的极度渴求,但当他们在追求过程中屡次遭遇失败时,便产生了另一种截然不同的表现形式:尽可能地脱离外部社会,试图在自我隔绝中对抗焦虑感。但强烈的焦虑感让他们不得不寻找新的防御机制,在此时,对食物、消费和阅读等事物的狂热追求也就成了他们的保护屏障。这些转化往往会在某些个体身上变得异常古怪,就像某位患者会在失恋后开始疯狂进食,一度让体重上涨20~30磅①;当他们开始了新的恋情,这种嗜食倾向便会随着愉悦感的上升而消减;但倘若新的感情还是以失败告终,他们就会再次将欲望投射到食物身上。在很多时候,正在接受精神分析的患者也会出现类似的情形,他们会根据治疗的效果来决定进食量的多少,当对精神分析的效果感到绝望时,甚至会在短短数天内由于饮食过量胖到连医生都无法认出。而一旦治疗效果有了明显的进展,他们又会重新拾起信心,将饮食习惯恢复正常。在某些进食欲被强制压抑的情况下,也会表现出欲望的减退,而这种消减从长远来看是会起到负面影响的。总而言之,第二种类型的神经症患者要比第一种类型更加容易受到伤

---

①1磅=0.45359千克。

害,尽管他们看似可以通过物质层面的欲望缓解焦虑,但这一切都是以他们对爱的渴望无法被满足为前提,并且会对他们造成双重打击。

与前两种类型不同的是,第三种类型的神经症患者很早就丧失了对爱的渴望和信任能力,在情感方面遭受的沉重打击让他们再也无法对爱产生欲望。对这类群体来说,不被外界卷入情感伤害便已是最基本的满足底线,在这样的情况下,他们更倾向于追求物质上的欲望,并坚持从爱中抽离出来,以冷静嘲讽的态度审视这种需求。也许在他通过物质追求消除了大部分心理焦虑感后,才有可能逐渐恢复对爱的接纳程度。

这便是三种截然不同的表现形式,具体可以总结为:(一)渴望被爱且永远无法满足;(二)情感层面和物质层面的欲望同时存在;(三)将被爱的渴望转移到物质追求中。无论表现为哪一种类型,基本焦虑和敌对意识都始终贯穿在患者的行为中,并随着欲望的无法发泄而不断增强,加深对他们的影响程度。

在我们着重讨论的问题中,以上的三种类型本质上都属于对爱的极度渴求,主要表现为病态嫉妒和要求对方无条件地给予。

虽然都是在面对失去他人的爱意时做出的反应,病态的嫉妒却在反应的剧烈程度上严重脱离事实基础,因此会做出不恰当的反应,这也是它与正常嫉妒感的区别所在。带有病态嫉妒感的患者往往会希望独占对方的爱,并将此视为理所当然的行为，由此会对任何可能让对方分享爱意的人或事物抱有极端的敌对心理。这样的敌意可以适用于生活中的一切人际关系，在家庭关系中，它可能是父母出于嫉妒限制子女的交友、恋爱和组建家庭，也可能是子女对父母的亲热产生嫉妒心理。在医患关系中，患者也许会因为医生对其他病人的治疗和照顾形成嫉妒心理，他们认为只要医生对其他患者付出了同样的关爱，那么自己得到的关爱便失去了存在价值。这也是任何嫉妒心理共同信奉的"真理"：任何不能独享的爱，对自己而言都是毫无意义的。

精神分析学认为，童年阶段兄弟姐妹间的争夺以及对父母关系的嫉妒很可能是导致病态心理产生的根源。但倘若经历这些情绪的是心理完全健康的幼儿，无论嫉妒是发生在兄弟姐妹还是父母之间，都会在他们确定自己仍然拥有充分的爱意后，随着年龄的增长而逐渐淡忘。因此，只有当幼儿在病态的家庭环境中成长，并且已经初步萌生了基本焦虑和对爱的无限渴求，才会在经历争夺时产生病态的嫉妒心理。这也就是我对精神分析学中有关此问题的理论存有质疑的原因，我们不能把幼儿和成年时期的嫉妒感等同起来，错误地认为成年后的病态嫉妒只是对童年经历的简单重复。按照这样的理论，曾在童年时期嫉妒过自己母亲的女性在结婚后是断然不会嫉妒自己丈夫的，但类似的案例却在精神分析中屡见不鲜。事实上，儿童时期在家庭关系中的嫉妒情绪只是激发病态嫉妒感的特殊情境，在导致病态嫉妒的本质方面，儿童和成年人并没有任何不同。

在对爱的嫉妒渴求中，期望对方无条件付出的心理通常要比嫉妒感展露得更加明显。带有这种心理的患者会在主观意识中产生扭曲的预期，他们希望从对方身上收获的爱只与自己的人格有关，无论自己做出怎样的行为都不会改变。从表面看来，这样的主观意愿似乎不足为奇，几乎每个人都会在生活中产生这样的想法，但神经症患者的期望要比正常人强烈得多，无论是涵盖的范围，还是表达的程度，都已经达到了彻底无法实现的地步。

首先，神经症患者的这种期望往往带有一个重要前提，即要求对方不因为他们做出的过激举动而介怀。在一定程度上，他们是可以认识到自己的要求是怀有敌对意识的，一旦心理上的敌意在交往过程中暴露出来，显然会影响自己得到对方的爱意，这就是他们的担忧之处。出于对安全感的渴望，他们会将爱的定义无限度延伸，用来要求对方接受自己暴露的敌意：任何人都可以很轻易地对那些性格温柔举止礼貌的人付出爱意，这并不足以说明爱的伟大，而真正的爱，是在即使对方做出敌对行为时，依旧愿意无条件地包容、接纳对方。抱有这样的观念，神经症患者会将一切善意的建议都理解为对方不再关爱自己的表现，就像在精神分析中，许多患者都会在面对医生的帮助时迸发出敌对意识，认为自己已经失去了医生的关怀和爱意。

其次，在顺利获取了对方的爱意后，神经症患者通常是不愿向对方给予任何回报的。他们早已丧失了从爱中感受到满足和愉悦的能力，并且在付出爱意的行为上存在焦虑，因此在主观上选择逃避这一行为。

而神经症患者不仅在人际关系中拒绝付出自己的爱意，更不愿让对方从中得到哪怕一丁点好处。当对方从相处中获得满足，他们会不由自主地怀疑对方的动机：究竟是因为喜爱自己，还是希望从自己身上汲取利益？在这种心理中，哪怕是双方进行的性行为，也会成为他们怀疑的对象，甚至不愿让对方为性行为感到愉悦。患者和精神分析医生的关系也是同样如此，尽管医生的治疗让他们的病情得以缓解，他们却怀疑这实际上是医生获得满足感的手段。也许他们会在心理上认识到治疗起到了作用，但在行为交流中却对医生的治疗予以否认，将病情的好转归结于各种偶然因素，借此拒绝对医生表示感谢。原本再正常不过的收费行为，也会在患者对爱的极度渴求下被看作有悖于爱，即使他们在理智层面承认医生为此付出的时间、经验和知识储备。正是受到这种心理的影响，他们在人际交往中拒绝向家人和好友赠送任何形式的礼物，害怕礼物的价值会让自己对他人的爱产生怀疑。

最后，在对爱的要求上，神经症患者往往走向了极端，期望对方愿意为自己无条件地牺牲一切。无论是时间、精力、物质，还是未来发展和人格健全，只有当对方抛弃了原本拥有的一切，他们才愿意相信这份爱是真诚可靠的。在家庭关系中，许多母亲就带有这样的想法，她们将子女为自己做出的任何牺牲都视为理所当然的报答，而这些牺牲的正当性并非她们对子女付出的关爱，而仅仅是生育子女的行为。另一类型的母亲就要在呵护、鼓励子女的行为上付出得更多，但她们却无法从这段亲子关系中获得任何形式的爱与满足。在她们看来，子女反馈给自己的爱都是基于自己提供的物质条件，而不是爱她们作为母亲的角色。因此，她们时刻将对爱的渴求压抑在内心深处，带着嫉妒的情绪来审视彼此的关系。

回顾以上三种不同类型的表现，我们会不难发现这些患者都在行为中展现出极度自私、冷漠的特征，其根源则是在心理层面的敌对意识。

与通常意义上的"吸血鬼"类型患者不同，这类患者虽然也在行为上要求他人付出，从而牺牲对方以换取自己的满足，但他们却无法意识到自己正在进行这样的行为。即便是再亲密的关系，他们也不会直白地表露出"我不愿付出任何回报，只是希望你为我牺牲自己"的意图，而是将爱作为伪装，为自己的行为提供充分的正当理由。根据所处情境的特点，这些患者往往会用不同的理由来说服对方，在自己生病时，他们会要求对方充分照顾自己作为病患的感受；当提出的要求让对方感到不满时，他们在表面上会为此感到懊悔，并承诺在日后逐渐纠正，来换取对方的理解。实际上，患者在心里始终坚持着这样的观念：离开了他人的付出，自己永远都无法满足自身的需要，无论是精神层面，还是物质层面。这也就是患者一切期望和要求的根本原因，倘若无法从根源上铲除这种观念，也就难以让他们放弃对他人不切实际的幻想。

总而言之，所有在对爱的病态渴求中展露出的形式，都导向了这样一个观念，即神经症患者的内在冲突让他们无法获取所需的爱。面对这样的情况，他们又会有怎样的反应呢？

第八章
获得爱的方式和对冷落的敏感

鉴于神经症患者在强烈渴求获取爱的同时,又无法从爱中收获愉悦感和满足感的人格特质,我们倾向于这样一种观念:只有在感情氛围中处于热烈与冷淡之间的温和地带,患者才能获得较为充足的愉悦感。而这种感情状态又会产生新的问题,在心理上较为敏感的患者很容易从中产生被冷落的感觉,不得不在安全感和被伤害的状态间徘徊。

无论是日常生活中约会的延误、稍显漫长的等待,还是未能及时得到他人的回应,只要当神经症患者在其中感受到主观意愿的违背以及期待落空的挫折感,他们都会将其归结为自己受到了冷落。更加严重的是,这种冷落感不仅会引发他们心理上的基本焦虑,还会让他们觉得在人格上遭到了强烈的侮辱。于是,隐藏在心理层面的敌对意识便在侮辱感的刺激下彻底爆发出来,就像是患有神经症的少女会将猫咪的冷淡视作侮辱,进而做出责骂、虐待等行为来宣泄自己的敌意。那些因为被迫等待而发怒的患者也同样如此，在他们看来，即使是他人在约会中事出有因的迟到也表现出了自身地位的卑微。哪怕在短短数分钟前，他们还对赴约者抱有强烈的好感，也会在强烈的敌对意识下变得冷漠而戒备，重新回到不信任状态。

这种从被冷落到产生敌意的心理转变过程通常是神经症患者无法意识到的，这在很大程度上是由被冷落感的轻微表现所决定的。虽然难以被主观意识发现，但轻微的冷落感依旧会转化为强烈的敌意，让患者处在暴躁易怒、抑郁寡欢、情绪狂躁的负面精神状态。在很多情况下，表现出的敌对意识甚至会在患者产生被冷落感之前就已经开始酝酿，因为他们早已预想到自己会遭受他人的冷漠对待。这可能表现为对话中带有怒气的质问，尽管提问者早已意识到自己并不会得到满意的答复；也可能是某位男性害怕女朋友会从收到的花束中察觉到自己的用意，因此不愿向对方表明心意。这些让他们产生恐惧的对象也会延伸至所有正面情感的表达，诸如爱慕、感激和赞扬等等，这也就是他们往往在外界交往中表现出冷淡、麻木和难以捉摸等特点的原因。在某些极端案例中，部分患者甚至会采取玩弄的态度对待异性，只因害怕自己付出真挚的感情会受到异性的伤害。

当这样的恐惧感逐渐加深，害怕遭遇冷落的患者会竭尽所能地逃避这些可能出现的情境，他们不愿在购买香烟后索要火柴，不愿冒着失败的风险寻求就业机会，不愿向自己中意的异性表露好感，直到拥有绝对的把握。在舞会中，许多男性拒绝主动邀请女性跳舞就是出于这样的心理，他们会将女性接受邀请的行为看作是礼貌而不是好感，由此产生抗拒的情绪：为何女性可以如此的幸运，乃至无须承担起主动邀约的责任或风险？

上述的种种表现都可以归纳为由于害怕被冷落而产生的抑制倾向，让人们形成冷漠、怯懦等性格特点，并且坚定地认为自己注定无法得到他人的爱。而当他们抱有这样的念头时，便会从任何可能被伤害的情境中抽离出来，采用冷漠的态度旁观一切。这固然会对他们起到自我保护作用，但长远来说，是与他们对爱的渴望相违背的。由于时刻表现出的疏离感，外界很难注意到他们对爱的需要，进而让他们内心深处被冷落的感觉日益加剧，激发的敌对倾向和基本焦虑也就愈演愈烈，最终陷入了无法解脱的恶性循环。

为了方便大家理解，在此我用简练的语言对这种恶性循环稍加描述：基本焦虑→强烈渴望被爱，乃至渴望他人无条件的付出→在期望落空时形成被冷落感→由此激发出敌对意识→在对爱的渴望下压制敌意→强烈的愤怒情绪随即产生→心理焦虑不断加剧→更加渴望获得安全感……当以上的心理过程持续上演，本应用来抵抗焦虑感侵袭的防御机制反而增加了基本焦虑的严重程度。

这样的恶性循环不仅适用于患者对爱的极度渴望中，在神经症的精神分析上也同样有着重要地位。只要是用于对抗基本焦虑，任何的心理防御机制都不可避免地带有负面作用，会让自身的焦虑感不断增强。用来自我麻醉的酒精固然会在短期内让人忘记焦虑，但长期酗酒对健康的损害又会成为新的恐惧；手淫带来的性快感同样能对抗焦虑，但手淫成瘾的人们又开始为身体健康而忧心忡忡；即便他们在焦虑的困扰下寻求心理治疗的帮助，也会对治疗本身产生毫无根据的担忧。因此，无论外部因素是否改变，患者陷入的恶性循环注定会让他们的神经症日益严重，这也为精神分析学提供了重要的研究对象。在缺乏专业帮助的情况下，没有患者能够认识到恶性循环的存在，他们只能在不断加剧的焦虑下感到绝望与迷茫，开始不顾一切地抓住任何可能的救命稻草，而这只会让他们在恶性循环中越陷越深。

读到这里，也许有读者会产生疑惑：既然神经症患者对爱的极度渴求无法被改变，那么是否存在着某种方法，能够帮助他们获取所需的爱呢？要解决这个问题，我们需要移除两个最重要的阻碍，首先是爱的获取途径，其次则是在爱的自我需求和他人付出之间寻求相对易于接受的平衡点。在爱的获取方面，我们大致归纳出了以下四种形式：（一）讨好笼络；（二）乞求同情；（三）寻求公正；（四）要挟恐吓。需要事先说明的是，这样的归纳方式只是在普遍案例中试图做出粗略的划分，以便为精神分析提供相应参考，而不是绝对严谨无误的科学定义。由于不同患者所处的客观情境和主观人格特征并不相同，这些对爱的获取形式往往也会交替乃至同时出现，但在大多数情况下，这些表现形式的排列顺序是和患者自身敌对意识的强烈程度呈正相关趋势的。

对那些希望借助讨好的方式获取他人爱的患者来说，他们倾向于将自己对他人的爱作为筹码，要求对方为自己无条件地付出与奉献，乃至牺牲对方的正常生活。在社会文化潜移默化的影响下，这种形式越来越多地开始被女性所采用，由于和男性在社会地位和资源获取能力上的差异，对她们而言，爱的意义逐渐超越了生活情感领域，成为实现地位跃升的重要手段。在从小接受的价值观念教育中，这种两性差异便已初步显露：对男性来说，依靠自身的艰苦奋斗在事业上获取成功，是自我实现与自我满足的唯一途径；而女性则很容易将爱作为收获幸福生活的筹码，用婚姻的成功与否来衡量自身的幸福。由于这种观念涉及了社会、历史及文化等诸多领域，且在成百上千年的传承中早已深入人心，我们在此并不对其进行详细探讨，而是将关注的重点放在这种观念对神经症的影响上来。这也就是说，女性通常更喜欢将爱作为某种要求对方付出的工具，借此满足自身的需求，而社会文化的影响又在某种程度上为这样的行为赋予了合理性。

当然，她们同样也是神经症的受害者，对爱的强烈渴望让她们怀有病态的依赖感，而这通常会导致不健康的感情关系。我们不妨假设这样一段恋情：在焦虑的驱使下，极度渴望被爱的女性会不断缩小与男性的距离，以致让私人空间被侵犯的男性不得不选择后退。而在女性看来，这种拉开距离的行为显然是对自己的故意冷落，强烈的敌对情绪也就随之产生了。遗憾的是，尽管对此带有怒意，但对爱的渴望让这位女性被迫将其压抑下来，并且在行为上稍作收敛，尽量表现得不那么激进。当男性拥有了充分的私人空间，他便会开始重新融入这段感情，而女性则在重新被爱的强烈愉悦感下反馈以更具有侵犯性的行为，这显然是男性无法接受的。因此，这位女性神经症患者便再次陷入了由爱引发的恶性循环，从过度渴求到遭遇拒绝，从激发敌意到被迫压制，而这一切最终都引向了同一个结局，也就是感情关系的屡次破灭。

此外，在"讨好"的方式中，还有另一种较为温和的手段，即在生活、事业和感情等方面，扮演起"陪伴者"和"引路人"的角色，通过行为及言语上的关怀指导来获取对方的青睐，这也是在感情关系中经常被男性和女性使用的策略。

在获取爱的途径中，乞求他人的同情也是神经症患者常用的手段。他们会将自己遭遇的痛苦经历和精神折磨向外界倾诉，试图以此来换取他人的关爱，并将其视作理所当然的行为，而不是他人的善良与选择性帮助。因此，在初步获得了外界同情的基础上，他们会逐渐开始向对方提出种种过分的要求，甚至是带有侵犯性质的要求。

由于渲染痛苦只是为了换取需求，这种类型的患者通常并不介意在公共场合赚取他人的同情。在医院里，他们一面夸大自己的病情来换取医生关注，一面对那些看似健康的患者投之以鄙夷的目光，而对于那些使用同样的策略并获得成功的人们，他们则在心理上产生出强烈的敌对与仇恨情绪。

这种敌对意识也会延伸到他们乞求同情的行为中，将其转化为某种带有强迫色彩的威胁。无论是社会工作者，还是有关神经症的医务人员，只要与各种类型的神经症患者有过充分的接触，我们都能明显感觉到这种策略的重要性。在病情相同的情况下，采取各种戏剧性手法渲染自身悲惨遭遇的患者与冷静阐述病情的患者是截然不同的。类似的现象也会发生在儿童阶段，而儿童的表达形式则呈现出多样化的特点，他们既可以用哭诉换来家人的安慰，也可以将自己主动置于某种危险情况下，如拒绝进食、无法自主排泄等等。

就患者的心理而言，使用乞求他人同情的手段往往基于一个非常重要的前提：他们不认为自己还能够通过其他途径来获得关爱。当运用到实际案例时，这种心理既可能是对爱失去信心，也可能是在某些情境中，将乞求同情的方式认定为获取关爱最简单有效的途径。

"我为你付出了这么多牺牲，你就从来没想过为我做点什么吗？"这句在生活中耳熟能详的对话很可能就是许多神经症患者渴望被爱的又一种表达方式，也就是所谓的"寻求公正"。类似的表达形式可以见诸各类人际关系，如抚养子女成人的母亲会以此来要求子女对自己无条件地服从，在两性感情中被追求的一方会在关系确立后向曾经的追求者提出各种无理的要求。与前两种表现类型的患者不同，这种类型的人群通常会表现得较为隐蔽，他们也许在表面上乐于助人、积极奉献，但仍然在心理上期待着对方会为自己的前期投入加以回馈，当索取回报的期望落空时，失望感也就随之而来。在多数情况下，这类患者的行为和预期纯粹是基于潜意识的引导，他们也许从未设想过获得他人的回报，但他们为对方付出的一切又确实是他们希望对方同样能为自己做到的。只有当自身的预期最终破灭时，他们才可能在精神刺激下意识到潜意识中对回报的期待。形象地说，他们每时每刻都在将自己对他人的付出记载于脑海里的记账本上，以此来衡量他人的行为是否足以偿还欠下的人情债务。事实上，这种主观的比较通常是被过度放大的，他们会将对方的付出刻意忽略，同时尽可能夸大自身的牺牲，哪怕这种牺牲纯粹是一厢情愿的。在这样的心理影响下，患者会以此要求他人的付出，并且不愿接受他人的主动帮助，担心这会让他们被迫偿还对方的人情。

这些喜欢在爱的索取中追求公正的神经症患者往往有着这样的心理逻辑：倘若他们具备付出爱的能力，也必然会不计回报地向他人传递关爱和帮助。因此，他们会将自己提出的诉求赋予合理化依据，用自己在假想中的牺牲意识来要求他人给予同样程度的帮助。从某种程度上，这类患者的确具备着极强的自我牺牲观念，也愿意在有能力时为他人做出牺牲，但当他们将主观意愿强加到他人身上时，问题也就出现了。这样的牺牲意识，从本质上是自我认可缺失的表现，而不是出于爱的真心付出。

这也正是许多患者会在追求所谓的公正时激发出敌对意识的原因，尤其是在他们认为自己受到了严重伤害时。他们试图将自己所受的伤害作为筹码，要求对方为此做出相应的补偿，也就是他们梦寐以求的爱。从某种程度上，这与创伤性神经症患者存在着相似之处，虽然我对创伤性神经症案例的了解较为有限，但我仍然倾向于相信两者在本质上是趋同的，都会以创伤为名义提出补偿性要求。

在这里，我们不妨以某位女性患者的案例进行论述：当她受到丈夫婚内出轨的打击不幸患病时，她并未在语言上对丈夫做出任何程度的抗议，而身体上的疾病却是另一种形式的抗议行为，试图让出轨的丈夫形成强烈的负罪感，进而杜绝未来的不忠行为。

许多患有狂躁症的女性通常也有这种心理特征。她们既固执地要求帮助好友分担家务，又会为好友被迫答应的行为感到恼怒。于是她们在精神打击下开始卧病在床，不但无法帮助好友，反而需要对方加以照顾。这也是她们向好友表达谴责的某种方式，希望好友用病榻前的细心照顾来偿还自己之前的付出。在某些更为夸张的案例里，甚至会出现因为好友的批评而突然眩晕的状况，这些表现的核心目的仍然是向他人提出无形的抗议。

我曾经治疗过这样一位神经症患者,她不但没能在精神分析的帮助下日益好转,反而产生了严重的妄想倾向,认为是接受的精神分析治疗让她的情况大为恶化,甚至认为我想要夺走她的个人财产。因此,她反复向我提出要求,认为我对她负有全部的责任,需要在未来无条件地照顾她的生活。类似的案例在精神分析中经常出现,只是在患者表现出的程度上有所差异,在部分患者看来,医生休假的行为让他们的病情有了加重趋势,因此医生需要负担起相应的责任。显然,这样的推论是缺乏科学依据的。但我们将此类案例推演到日常生活中,往往能得到新的发现。

根据以上案例来看,这些患者都有着相同的特点,也就是宁愿在精神和肉体层面遭受痛苦的侵扰,也要借此对他人进行谴责和提出要求,由此来满足自身期望的公平感。而这所有的心理反应,都是他们很难在主观上察觉到的。

作为最后一种获取爱的表现形式,要挟恐吓通常意味着对自己或他人的伤害倾向。就常见的伤害手段而言,它可能表现为恶意损害名誉、施加言语威胁、凌辱暴力乃至是自杀等行为,无论伤害程度剧烈与否,患者在做出行为时都是不计后果,不顾一切的。我治疗过的某位患者就曾用自杀的方式先后获得了两段婚姻,当两段感情关系中的男性表现出退缩或拒绝的态度时,这位女性都采用了自杀的极端方式,从在闹市区试图跳河,到假意打开煤气阀自杀。她并非想以此来彻底结束自己的生命,而是表达出爱的极度渴求,进而挽回对方的感情。

当然,这样的要挟行为往往是神经症患者最后的选项,在他们依然有望得到爱、有望满足自己的要求时,是断然不会采用这种带有绝望色彩的极端行为的。

第九章
性欲在爱的病态需要中的作用

通常情况下,在性方面过度的迷恋和欲求往往会作为对爱病态渴望的表现形式。基于这样的实际情况,我们不得不思考一个问题:无法被满足的性欲望,是否导致了神经症患者对爱的过度渴求?他们有关于爱、认同和包容的各种期待,会不会来自力比多的不满足,而非心理层面的安全感缺失呢?

在这个问题上,弗洛伊德就曾表明过认同的态度。在他看来,大量案例中神经症患者对外界接触所表现出的依赖态度,恰恰证明了力比多在其中起到的主导作用。然而,这样的推论需要建立在某种假设的基础之上,譬如将患者寻求他人关注、陪伴以及认可等行为都视作性需求的体现,只是在表现形式上经过了一定程度的"伪装"。在部分案例中,甚至连患者对受到温情对待的期望都被当作了伪装后的性冲动。

因此,这种尚未得到证实的假设并不能构成严谨的推论。

而爱、温情等因素与性欲望之间的关系也许远没有我们想象得那么密切。人类学界和历史学界早已达成了这样的共识：个体层面的爱，是社会文化发展的必然产物。正如布利弗奥特所言，真正的性欲望通常更容易演变为残酷行为，而不是所谓的温情与爱意。尽管他的观念也同样无法被科学证实，但我们仍然可以从大量案例中推导出如下的结论：无论是爱意之于性欲，还是性欲之于爱情，都是不具有充分必要联系的。就像我们无法将父母与子女间产生的温情等同于性欲的驱动，只能从部分极端的案例中推测是否存在着性欲影响的可能性，这才是对弗洛伊德理论的合理运用。在某种程度上，两者间确实存在着些许关联：温情具有逐渐演变为性欲的可能；性欲也可以促进温情的增长，或者转化为温情；而人们也可能在带有性欲的情况下仅认识到了温情的存在。虽然温情和性欲之间有着种种关联，但为了推论的严谨和客观，我们宁愿谨慎地对待它们相互重叠、演变的范畴，乃至将它们判定为两种截然不同的类型，也不要做出武断的结论。

除此之外，弗洛伊德在将未能得到满足的力比多归结为爱的渴求动力时，还忽略了一个至关重要的现象：在那些性生活极为丰富的人群中，依旧存在有极度渴求被爱的案例，他们的性欲望虽然得到了满足，却仍在追逐爱的过程中表现出病态的占有欲、永无止境的饥渴感，并期望对方无条件地付出。由于这些现象绝非少数存在的孤例，以性欲望作为解释依据的局限性也就随之暴露了出来，力比多理论显然无法揭示神经症患者对爱的疯狂追逐。这样的案例往往会出现明显的情绪紊乱，但同时依然具有获得充分性满足的能力。这些案例对于一些精神分析医生而言始终是个大难题。然而，虽然它们与弗洛伊德的力比多理论不相符，但这并不意味着它们不存在。

最后，倘若性欲望是造成对爱病态依赖的根源，那么我们又要如何解释人们在爱之中的占有欲、顺从心理以及敌对意识等种种表现呢？尽管这些现象都已在性欲望的理论基础上做出了解释，例如俄狄浦斯情结和多子女间竞争造成的嫉妒心理，由口唇欲延伸而来的无条件付出，肛门性欲导致的占有欲，等等。但这样独立的解释却违背了它们的整体性原则，尽管在表现形式上具有差异，前文中描述的各种状态实际上都有着相同的根源，只是在完整的结构框架中形成了不同的分支。而如果我们对其背后的驱动力视而不见，自然也就厘清不了这些现象的动态变化及其基础。

在这里，神经症患者的心理状态变化曲线是我们在精神分析过程中需要重点观察的对象。得益于弗洛伊德提出的自由联想法，从中探寻焦虑与爱的关系也就相对容易了。当精神分析逐渐深入，患者可能会在行为上产生大幅转变，具体表现为希望增加与医生的交流时间，增进彼此感情；形成对医生极端崇拜的心理状态，并为自己患有神经症的事实感到强烈敏感、自卑。患者的精神焦虑感通常也会随着这些转变而增强，这可能体现在潜意识梦境中，也可能是精神状态的波动，或者借助腹泻、排尿频繁等生理病症展露出来。患者当然无法意识到焦虑在其中扮演的角色，也很难将自己对医生的日渐依赖归结于此。只有当发现端倪的医生将情况向患者说明，他们才会发现：焦虑情绪总是会在对爱的渴求被激发时出现，就像患者可能在面对医生的解释时产生被冒犯、被羞辱的敌对意识一样。

我们不妨这样理解患者的心理反应链条：当医生对某项问题的探讨或解释让患者产生了敌对意识时，他们便会对医生带有愤怒情绪，如在梦境中渴望医生死亡，但渴求被爱的心理又让他们不得不压抑这种敌意，内心的恐惧感也就随之产生了。在对安全感的渴求下，患者最终选择了更加依赖医生。直到一切的心理反应逐渐发生后，基本焦虑、敌对意识以及渴求被爱的心理因素才得以平息。因此，对爱的渴望增强也可以被看作周期性出现的心理状态警报，它预示着患者正在被日益严重的焦虑感困扰，并且需要更多的安全感来缓解心理上的焦虑。这不仅会出现在精神分析的治疗过程中，也可以适用于任何形式的人际关系，例如某位对妻子怀有敌对心理的男性，在焦虑的影响下仍然坚持着这段婚姻关系，甚至通过热烈的赞美与无条件服从来拉进俩人距离，借此寻求安全感的庇护。

针对这样的现象，我们可以用"过度补偿"来形容建立在敌对意识压制基础之上的过度忠诚行为。当然，这种定义仅仅是为了方便在精神分析中更加简练的表述，并不涉及行为背后的驱动因素。

在上文中，根据对案例的分析和逻辑判断，我们已经否定了将爱的病态需要归结为性欲的错误观念，但这种观念的形成原因仍然值得探讨：爱的病态需要究竟和性欲望有着怎样的联系，以致让外界容易将两者混淆？又是在怎样的情境或条件下，对爱的极度渴求会以性欲望为形式展露出来，进而被人们所发觉？

这个问题的核心主要在于，外部环境是否有利于将爱的需要以性的形式表现出来。具体来说，也就是诸如社会文化氛围、个体活力、个性气质等客观因素和主观上对性生活的满意程度，当人们的正常性需求难以发泄时，自然就会在面对同样的情境时，比那些性生活满意程度较高的人更容易选择将性作为表现途径。

毋庸置疑的是，这些不同方面的因素确实对个体在表达形式上的倾向性产生了明确的影响，但它们却在不同个体的差异上缺少针对性。即便是在病态渴求被爱的神经症患者中，每个人受到这些因素的影响程度和表现出来的特征也各不相同，部分人群总会在正常的人际交流中流露出强烈的性色彩，另一部分群体却保持着相对正常的状态，无论是在心理思维还是实际行动层面都是如此。

在不同的性关系之间频繁转换往往是第一类性欲望表露强烈的患者具有的鲜明特征，对他们来说，对性行为的期待与掌控构成了安全感的重要来源，以致会在性关系匮乏时感受到严重的心理状态失常。另一类群体则会在主观上对自身的性欲望加以抑制，但他们仍然会在人际关系中频繁地营造性气氛，无论产生臆想的对象是否真正吸引自己。最后一类群体带有最强烈的抑制倾向，尽管这并不能帮助他们减少进入性冲动状态的频率，反而让他们更容易将一切异性当作性幻想的对象。此外，第三种类型的人们可能会以强迫性手淫来代替实际的性行为，以此来承载频繁被唤醒的性欲望。

总而言之，以上三种类型的群体在生理上的性满足程度方面有着相对较大的差异，而他们的共同点却更加突出：都带有强迫性质的性需求，因此在性对象的选择上往往较为盲目。当然，他们也和所有极度渴求被爱的群体具有同样的人格特征，但在对情感关系的处理方面，他们存在着严重的紊乱现状，也就是由基本焦虑引发的情绪反应失常。这就像是那些苦于阳痿，却又时刻渴望发生性行为的男性，他们一面极度渴望被爱，一面又无法对爱抱有任何程度的信赖，即便得到了梦寐以求的爱，也会在紊乱的心理机制下难以从中获得愉悦感。在屡次经历上述的循环后，他们中的部分人会将情感上的受挫归结为尚未遇到真正合适的异性伴侣，也有部分人会认识到自身在心理上的问题，却无法成功地从中摆脱。

对这类群体来说，发生性行为早已超越了满足性需求的基本目的，转而成为日常人际交往的替代品。在这样的观念下，他们对爱的获取也就变得彻底无法实现，这更加坚定了他们通过性行为来代替感情的信念和决心。哪怕他们仍然保留着正常人际交往的生存空间，但作为替代品的性行为已经悄然占据了最重要的地位。

在前文中，我们曾经介绍过这类群体在性对象选择过程中的盲目性，这在某些情况下会扩大至对象选择的性别领域。这来自他们在对待性关系态度上的差异，除了那些主动寻求发生性行为的人们之外，还有另一部分群体更加倾向于被动接受他人提出的性要求，而至于要求提出者的性别问题，他们是并不在意的。在此前，我们已经对第一类群体做出了充分的分析，他们将性行为当作人际交往的替代品，也无力通过紊乱的心理机制与他人正常交往。与此同时，他们还抱有强烈或者病态的征服欲望，渴望通过性关系来实现对他人的征服和占有，而在欲望的驱使下，征服的对象也就逐渐从异性群体拓展到了同性群体。但鉴于这种行为的驱动力主要是出于征服欲望而非对爱的极度渴求，这类群体并不具有过多的讨论价值。相反，另一类偏向于被动接受他人性要求的群体要具有更多渴求被爱的心理，他们会恐惧因为拒绝他人提出的性要求而失去对方的爱，无论他人的性要求是否对自己构成了侵害，他们都会选择抛弃自己的防御机制，来换取与对方保持密切的人际关系，以此获得心理上的满足感。

这种心理状态显然不能用"双性倾向"加以错误理解，我们也无法证明这类群体确实存在有对同性关系的渴望，事实上，导致他们发生同性行为的本质仍然是对爱的病态需要。倘若他们成功摆脱了基本焦虑带来的困扰，并在心理层面构建出了健全的自我人格，此前出现的同性依赖倾向也就会随之瓦解，当然还包括在性对象选择方面的盲目行为。

虽然我们在此处进行的讨论仅限于精神分析领域，但它也许会对有关同性恋的问题提供一定程度的参考价值。在我看来，必然有某种过渡范围界于纯粹的同性恋群体和双性恋群体之间，它可能表现为同性恋人群在成长经历和实际生活中存在的某些特殊因素，让他们对原本作为性关系发展对象的异性产生了排斥心理。当然，鉴于同性恋话题的复杂程度以及对多个领域的广泛涉及，我在这里提出的观念仅仅是为其增添另一个层面的猜想或假设，它来自我在接触同性恋人群的过程中进行的观察，他们中的大多数都与我在上文中提到的假性"双性倾向"类型有着相同的特点。

近几年来，众多精神分析学者都相继提出了这样的理论：人们从性行为中汲取的性满足感可以促进其释放心理压力，并对缓解焦虑起到帮助作用，这可能会导致焦虑者性行为的激增。我固然相信这种解释背后的生理学依据，但从精神分析的角度来说，我更愿意在心理层面探讨患者从焦虑感到性行为激增的心理反应链条。根据对大量精神分析案例的研究以及对患者从人格特质到成长经历的细致观察，我有理由相信，他们有关性行为的心理过程是能够被发现的。

起初，患者可能对医生产生狂热的迷恋感，渴望得到医生爱的反馈，或者将对医生的好感投射到某个与之类似的局外人身上，反而对医生始终保持着疏离冷漠的态度。而那个被投射以渴望的局外人，有可能只是在患者的某次梦境里偶然与医生的形象重合，便被当成了他们渴望得到爱的对象。但当这些患者在与医生见面并表现出性欲望时，他们会为自己的这种行为感到无比惊讶，因为他们从未对医生产生真正的爱意与迷恋，只是潜意识里的性欲望在作祟。这也就无关于医生展露出的性魅力程度，而即便是对其产生渴望的患者，也很可能在性气质方面与常人无异，并没有我们想象之中的迫切和无法抑制，他们仍在正常范围内的基本焦虑也同样如此。事实上，对爱的彻底失去信任才是这类患者有别于常人的症结所在，他们宁愿把医生的情感反馈视为另有所图的阴谋，由于清楚地认识到自己患有神经症的现状，他们往往会习惯性地自我否定，认为自己是医生的拖累。

在某些方面，神经症患者是如此的敏感脆弱，以致经常会在精神分析中触发敌对意识。而当这样的敌对意识出现在那些性需求过于旺盛的患者身上，则会在爆发性上有所减弱，形成阻隔在医患关系之间的高墙，不仅由于其无形的存在让人难以察觉，更是用坚固的砖瓦阻挡那些想要一探究竟的翻越者。当精神分析涉及他们的根源症结，强烈的恐惧感便会促使他们放弃整个治疗，以获得围墙后的安全感。这类患者在实际生活中通常也同样如此，但他们难以意识到，自己将性关系代替正常人际交往的行为是多么的脆弱与病态，反而会将频繁发生的性关系等同于自己在社交中的受欢迎程度，最终在性欲望的道路上越走越远。

由于这类患者往往会定期展现出对性的欲望，我们甚至可以得出这样的推论：只要患者在精神分析期便流露出了对医生的性幻想，即使是在潜意识支配的梦境里，我们便可以就此推断其在正常人际交往中的紊乱。根据对他们的密切观察，医生的性别并不会影响患者性幻想的产生，许多先后接受过同性和异性医生精神分析的患者会对他们形成同样的性欲望。因此，将那些对同性医生表现出性欲望的患者简单归结为同性恋倾向，显然是不严谨的。

需要被谨慎对待的不仅是患者在性别取向上的选择，究竟什么样的表现可以被称为性欲望，也是值得我们探讨的。正如"金子"和"发光"之间容易被混淆的逻辑关系，看起来类似于性欲望的表现也未必是完全由性心理驱动的，它可能只是恰好反映了患者对安全感的迫切需要。一旦这些心理层面的因素被忽略，我们就很容易高估性欲望之于行为的影响作用。

这样的错误不只存在于精神分析领域，许多患者也会忽略内在的基本焦虑，认为是自己的本性与体质、相较于传统社会道德更加开放的性观念导致了性需求的旺盛，而忽略了作为内在驱动力的基本焦虑。为了缓解焦虑感带来的精神痛苦，我们往往会产生出各种生理特征来作为防御手段，其中与性行为类似的还有长期的嗜睡现象。这类群体通常需要10~15个小时的过长睡眠，在他们误以为是自己的生理因素导致这种需要的同时，被压抑的焦虑情绪却始终未能得到正确对待。事实上，包括饮食、睡眠、交配等构成生活基础的每项活动都可能在内心冲突的引导下逐渐转变为强迫行为，如过度嗜睡、性行为无度、强迫性摄入食物和酒精等等。而人们在体能素质上的差异以及所处环境、外界刺激等客观因素共同决定了这些强迫行为的表现程度,它们会随着各种影响要素而变化,也会受到个体心理层面的变化影响。

在初步掌握了爱的病态需要与性欲望的关系后,我们不妨把注意力转移到如何克制过度的性欲望的问题中来。通常来说,个体和社会文化背景决定了能否成功克制过度的性欲望,在个体层面,心理及生理因素往往扮演着重要作用,但当人们迫于焦虑的影响而被迫选择性行为进行逃避时,就已经决定了他们很难依靠个人意志来戒除这种强迫性欲望,不管是长期的坚持还是短期的尝试。

因此,文化层面的因素就成为唯一能帮助患者克服欲望的途径。从维多利亚时代以来,我们的确在对待性的态度上取得了显著的进步,性关系的自由日益扩大,对性的道德观念更加包容开放。尤其是对于女性来说,人们不再将性冷淡作为强加给她们的道德戒律,而是为那些真正患有性冷淡的女性感到遗憾及同情。尽管如此,如今我们在整体的性观念方面仍然有着较大的不足之处,许多以性解放为旗号发生的性行为实际上只是为了缓解内心紧张焦虑的情绪,而不是来源于真正的性驱动力。真正基于性驱动力的性行为,应该更偏向于镇静剂的作用,而不是以获取愉悦和释放压抑为目的。

在精神分析领域,人们很容易将社会文化因素排除在研究范围以外,这样的观念是不全面的。即使是将性驱动力引入了精神分析学的先驱弗洛伊德,也曾犯下了类似的错误,许多在他看来可以归结为性驱动力的现象,实际上是出于神经症的影响,尤其是对爱的病态需要。我们以患者对医生萌发的性幻想为例,它在过去被长期解读成对父母的性欲固着情结,但这真的是受到性驱动力影响而形成的吗?实际上,虽然这类患者往往会在陈述和梦境中表现出重新回到母胎阶段的主观意愿,也的确是从父母到医生的投射倾向。但最关键的是,这种移情作用表现出的并不是性方面的幻想和欲望,而是渴望从医生身上得到父母般的庇佑和保护,来减轻焦虑感的困扰。

即便我们采用更偏向于欲望的"依恋"来形容这种渴望,现阶段的证据也不足以论证幼儿对父母怀有着明确的性依恋关系,所谓的性驱动力也就无从谈起了。而对于弗洛伊德所提出的俄狄浦斯情结,它的确可能在童年时期播下了爱与嫉妒的种子,并将其影响延续到了神经症患者的成年阶段,但带有这种倾向的案例在所有对爱病态渴望的神经症患者中其实只占有少数比例。当然,我从未否认俄狄浦斯情结的存在,只是希望对这种情结的来源加以进一步论证。在我看来,可能有很多种因素促成了俄狄浦斯情结的形成,它可能是父母对子女带有性刺激色彩的抚慰,让儿童由此产生了联想;可能是儿童在偶然间目睹了父母或他人的性行为,留下了强烈的刺激;也可能是儿童在成长过程中对父母的爱发生了偏移。当然,心理层面的因素同样可能造成俄狄浦斯情结的产生。在许多案例中,拥有这种倾向的患者通常都经历了颇为糟糕的家庭关系,他们充斥着恐惧与敌对情绪的儿童阶段为基本焦虑的形成提供了充分的空间,最终演化成了神经症。在我看来,俄狄浦斯情结是儿童在缺乏安全感的情境下寻求保护的产物，诸如敏感易妒、过度占有等特征恰恰是对爱病态渴求的表现。与其说是俄狄浦斯情结造成了神经症，不如将其看作神经症的表现形式。

第十章
对权力、声望和财富的追求

在用于战胜焦虑、寻求安全感的途径中，对权力、声望与财富的追逐也是在渴望被爱之外的另一种方式，尤其是在我们所处文化环境的影响下。

也许有读者会在此产生疑问：为什么要将权力、声望及财富这几种并不相同的事物归于同一类别？在我看来，无论是把以上哪一种事物作为追求的对象，其反映出的主导倾向都是由个体人格的差异性所决定的。这些差异既来源于个体所处的外部环境，也会受到其心理及人格特质的影响。但在权力、声望和财富中各不相同的倾向性却并不妨碍他们拥有更大的共同点，而这个共同点与那些对爱极度需要的群体有着本质上的区别：比起从外界获取爱来寻求安全感，他们更偏向于通过对权力、声望和财富的占有来尽可能减少接触外界的需要，进而抵抗焦虑感的侵袭。因此，我选择将它们划归为同一类型的群体，并在本章节中进行讨论。

正如我们每个人都有被爱的需求，对权力、声望和财富的追求也从来不是病态的表现。但在神经症患者身上产生的这种追求欲，与正常人的追求有着本质上的差异，而这种差异通常在于欲望的驱动力不同。在正常情况下，我们会因为自身在思维、智力与身体素质等方面的超出常人而产生优越感，或者是出于对家庭和工作的热爱、学术思想和政治信仰的追求，乃至对祖国的爱国情怀来希望获得一定的权力。但病态的权力欲望却并非如此，它往往是由个体内在的基本焦虑、敌对意识和极度自卑感引起的，并试图通过对权力的掌握来对抗焦虑。简单地说，正常的权力欲是来自对权力本身的渴望，而对权力的病态追求则是出于追求者自身的孱弱。

当然，并不是所有的社会文化都提倡对权力、声望与财富的追求。生活在普韦布洛的印第安人就是很好的例子，他们在社会中拥有的财富和地位都是极其平均的，权力的掌控也同样无法为个体带来任何的荣誉与尊崇。因此，在他们所处的文化语境中，对权力与财富的追求可以说是没有任何价值的。而之所以会出现众多的神经症患者对权力拥有病态的追求欲，恰恰是因为在我们当下的社会背景中，这些外在因素能为拥有者提供巨大的价值和社会认可，也就成为被焦虑感困扰的患者寻求自我防御的方式。

通过对此类患者进行观察和分析，我们不难发现他们产生权力欲的外部条件：在大多数情况下，当心理上强烈的焦虑感驱使着他们不断寻求安全感，但又难以从外界获取爱时，用来代替爱的权力欲望也就随之产生了。为了便于读者理解，我在此处引用某位神经症患者的亲身案例，来解释从渴望被爱到追逐权力的心理变化过程。

　　一个女孩在童年阶段对年长4岁的哥哥产生了独特的依赖情结，他们在夹杂着性暗示的感情关系中共同成长。但在女孩8岁时，这段给予她愉悦和安全感的关系却宣告终结，起因是她哥哥认为俩人均已长大，不再适合儿童时期暧昧不清的感情。事实上，女孩的家庭关系并不美满，她的父亲向来对她冷漠相待，而她的母亲则更多地偏向于哥哥。因此，遭受了这次打击的女孩开始在校园中变得充满野心，希望在其他方面挽回被哥哥严重伤害的自信心。但女孩却并不知道，即将进入青春期的哥哥只是做出了应有的抉择，是她建立在安全感匮乏上的自尊将其错误理解成了带有恶意的伤害行为。在一方面，外表美丽动人的母亲总是能受到他人的称赞和爱慕，却从未对她表现出任何的关爱，让她感到自身存在的无足轻重；另一方面，由于父亲长期在家庭关系中缺席，独立支撑起家庭的母亲便开始更多地信任哥哥，与他交流内心的苦闷以及家庭事宜，这也加剧了女孩的孤立感。在种种因素的共同影响下，女孩逐渐将爱的渴求延伸到了其他人身上，如对旅途中偶然相遇的男孩产生感情，但当新的关系再次结束时，她便重新陷入了绝望抑郁的情绪中，期待着下一段感情将自己从中解放出来。

　　对女孩疏于关心的父母未能察觉到她表现出的异常心理状

态,只是认为女孩的学习压力过于沉重,于是让女孩暂时停止学业,让她在旅行和度假中放松心态,并在旅行结束后将她送到低年级的班级中,希望借此缓解她学业上的压力。但这并不能让这个9岁的女孩真正解除心理上的焦虑,强烈的权力欲望让她在学习上迸发出了惊人的意志力,她把第一名视作最重要的目标,甚至不惜以失去朋友,在班级里独来独往作为代价。

这个女孩的案例完整地解释了权力欲望逐渐走向病态的演变过程。首先,恶劣的家庭关系让她无法从中获取充分的安全感,于是对偏爱哥哥的母亲产生了敌对意识。但由于母亲在家庭中把持着绝对的主导地位,她不得不压抑自己的敌意,这种压抑倾向在日积月累的过程中形成了严重的焦虑心理,让她希望从哥哥身上获得安全感。遗憾的是,与哥哥之间感情关系的终结给予了女孩更大的刺激,这最终激发出了她对爱的病态需要,在屡次失败后,转而将她对爱的需要转移到了通过在学业中获取名次来汲取满足中来,也就是病态的权力欲望。

由此看来,除了从基本焦虑中寻求安全之外,人们还可以从对权力、声望和财富的追求中释放长期以来压抑的敌对意识。因此,我将在探讨这种追求与内在焦虑的联系之余,对其在释放敌意方面的作用也进行相应的说明。

首先,受到基本焦虑影响的神经症患者往往会处于一种极度无助的心理状态,而这种在他们看来濒临绝望的状态实际上是由内在焦虑感所导致的,在外界眼中,这些情境与其他正常的情境并没有什么不同之处。但对于时刻暴露在焦虑之下的患者而言，彻底无能为力的状态显然是残酷的煎熬，这让他们开始寻求外界的开导和帮助，甚至无条件地顺从他人，逐渐无法摆脱对他人的依赖。随着情况的日益严重，患者也开始慢慢意识到了自己存在的问题，而这在某种程度上加重了他们的自卑心态，迫使他们更加急切地想要摆脱这种状态，如此一来他们的焦虑感进一步增强。

其次，许多神经症患者会试图通过占有权力来获得他人的关注和尊崇，以此来摆脱被外界忽略乃至孤立带来的痛苦。在这类群体看来，面对困境时的软弱无力是弱者的表现，这不仅会为其带来被外界排斥的危险，更是对自尊心的严重侮辱。因此，他们时刻秉持着所谓的强者心态，认为自己有能力处理遭遇到的各种苦难，应对任何程度的危险与挑战。长此以往，这类群体逐渐形成了强烈的优越感，他们只会对优于自己的强者产生崇拜，对那些在他们眼中的弱者大加嘲讽。即便当他人对自己的想法及观点表现出了认同和赞赏，他们也会将其归结为缺乏主见、愚昧盲从等弱者的行为。当然，对于自身带有的种种弱点，以及导致了这一切病态权力欲望的基本焦虑，他们也会同样感到耻辱和自卑。但由于无法消除心理上的焦虑感，他们只能将其掩盖起来，用看似强硬的行为作风武装自己。

从某种程度上说，神经症患者对缺乏权力的状态越是恐慌焦虑，他们所表现出的权力欲望也就越是极端。而在对权力欲的追求中，我们可以观察到以下两种常见的表现形式。

第一种类型的神经症患者主要将权力欲望突显在绝对的

控制之上：他们不仅控制自己，更希望操控他人的一切行为。未经他们同意就发生的事情，对他们来说都是无法忍受的。当然，为了能够正常融入社会交往，这类群体通常会将自己的控制欲予以抑制，表现出充分尊重他人意愿的大度胸怀，但倘若得知他人对自己有所隐瞒，他们又会变得暴躁恼怒起来。得益于主观上压制倾向的影响，他们在很多情况下会给外界留下良好的印象，诸如开放、包容等等。而这样的压抑行为终究是与他们的控制欲望相违背的，由此产生的副作用也就让他们在日常生活中经常感到沮丧抑郁，并且对任何小事都过度敏感，甚至约会中他人无心的迟到，也会为他们在心理和生理上带来双重打击。由于难以正确认识到自身的权力欲望，这类患者会将种种症状归结为饮食、气候和短期心情等外在因素。而那些表面上的好奇心，其实很多都源于操控一切的隐秘渴望。

正如在前文中所言，带有控制欲的患者不仅会希望操纵他人，对自己的要求也尤其严苛。他们会以百分之百的正确率作为行事的准则，试图他们在任何领域都具备超出常人的知识储备；哪怕是细节上无关痛痒的错误，也会让他们感到异常愤怒。而当他们需要面对并不熟悉的事物时，即使承认自己的不足也不会造成任何的形象损失，但强烈的自我控制欲望还是让他们选择了胡乱编造。这恰恰解释了他们为什么会在主观上抗拒那些无法提前预知的情境，一旦所处的外界环境超出了这类患者的掌控范围，不可预测性就会增添他们心理上的恐惧。此外，感情关系带来的风险也会让他们感到无所适从，无论是男性还是女性群体,他们都不愿将自己的控制欲让渡给爱情的多变与美好。于是,当面对自己中意的感情对象时,他们也许会向对方展露好感,却又在感情关系即将确立之时,为了更好地掌控自己和他人而选择逃离这段存在未知性的关系。

另一种类型的神经症患者则更多地偏重于主观意愿的满足,尤其是在他人的行为身上。事情的时间、地点、方式乃至结果,只要与他们的预期有了任何偏离,都会激发他们的焦虑和敌对情绪。在这里,他们对掌控权力的渴望也就不难理解了,无论是恰巧在过马路时遭遇红灯,还是被迫在生活或者事业中做出改变,都会让他们萌生对权力的欲望,仿佛只要拥有了权力,就能随时随地按照自己的意愿操纵一切。当然,他们既不知道这种病态欲望的驱动力是什么,也不愿直面隐藏在其背后的焦虑感,更不必说让外界察觉到自己心理状态的异常。他们与其他类型的神经症患者有着相同的特点,都害怕他人会因此不再对自己施与关爱。

当这类群体进入了感情关系,他们的控制欲也会在其中扮演重要的角色。赴约迟到、忘接电话、因事外出,这些在正常人看来再正常不过的小事都会让他们对这段感情产生强烈的怀疑,认为自己不再拥有伴侣的爱。从表面上看,由此引发的心理反应似乎表现出了他们对爱的渴求,但这实际上是他们在主观意愿被违背后产生的愤怒情绪。在大多数案例中,患者都在童年阶段遭受了类似的经历,他们的母亲可能会出于未能被满足的控制欲而单方面宣称自己的孩子并不能正常地给予母亲关爱。受到了这种影响的孩子通常会在成年后拥有同样的病态心理，进而导致感情关系的屡次受挫。我们以某位患有神经症的年轻女性为例，她一面拒绝同任何"性格懦弱"的异性建立感情关系，一面又在控制欲的驱使下要求伴侣无条件顺从自己，进而将"性格强势"的异性也排除在了考虑范围以外。换句话说，她既希望从富有男子气概的配偶身上获得安全感，又希望对方能按照自己的意愿行事，这其中显然存在着巨大的矛盾。

在对权力的病态欲望中，神经症患者往往还会表现出固执己见的态度：无论对待生活还是工作，也无论意见或观念是多么正确严谨，只要它们是由外界所提出，都会让患者产生强烈的逆反心理。尽管他们能够判断出他人言论的正确与否，但由于害怕会因为听从建议而形成屈从态度，他们宁愿坚持与之相反的错误观念。这正是精神分析过程中面临的重大难题，尽管我们试图帮助神经症患者养成内在反省的习惯，以此来重塑他们的病态心理。而对于患者而言，即便意识到这种改变最终将对自己恢复正常起到帮助，但强烈的逆反心理仍然让他们将其视为屈服和让步。通俗来说，比起被世界改变，他们更倾向于改变世界。当这样的心理状态发生在感情关系中，也就难以得到圆满的结局。众所周知，为对方做出妥协与让步可以说是爱情的重要部分，而始终拒绝被改变的患者必然无法享受到其中包含的甜蜜与温馨。在某种程度上，部分性冷淡患者也具有类似的状态，他们不愿以暂时失去理性为代价换取从性行为中获得的极大快感。

在基本熟悉了神经症患者带有的权力欲望是如何对感情关系造成负面影响后,我们对前文中爱的病态需求也就有了更深的理解。而除了权力以外,他们对名望的追求也具有完全相同的性质,即对暴露在焦虑下的无力感起到防御作用。

相较于对权力的渴望,这种类型的患者更希望通过智慧、才华、容貌等方面超出常人的优势来获取外界的尊崇。他们永远紧跟社会潮流,他们对最新流行的文学和戏剧如数家珍,他们从来无法停止攀附权贵的病态欲望,甚至编制出美好的幻想,让周围所有人都对自己充满了羡慕和敬仰。与此同时,这类群体通常承受着远超常人的痛苦,也有着相同程度的敌意和焦虑,这并非是他们身处的外部环境有多么恶劣,只是他们早已在追求名望的过程中将其与生活的幸福程度牢牢捆绑在一起,当无法获得外界的尊崇时,也就变得抑郁沮丧起来。然而,这种痛苦并不为他们所知,因为一旦意识到了这一点,他们就会变得更加痛苦。但无论是否对此有所意识,他们都会报以愤怒的反应,而且这种愤怒的程度与痛苦成正比。正因为如此,他们才会不断地生出新的敌意和焦虑感。

为了让表述更纯粹一些,我在这里姑且将他们称为"自恋者"。当然,这个称呼在心理动力学的领域并不严谨,因为,驱动着"自恋者"不断追逐名望的动机实际上是他们在焦虑面前脆弱的自尊需要,而不是字面意义上的"自恋"心理。

事实上,并不是所有的"自恋者"都会无限拉近与他人的社交距离,也存在着部分追求声望,却又远离外界的群体。他们将对名望的需求内化成了"遗世独立"的自我优越感，而当这种优越感被打破，他们便会再次回到焦虑的状态。

作为与权力和声望并列的另一种追求目标，财富的影响力来自我们所处的独特文化环境，它可以为那些渴求被外界尊重，或者操纵他人的患者提供以权力和名望。但站在人类及生物行为驱动力的角度，对财富的追求与权力和名望有着本质上的差别，只有在我们的文化为财富赋予了特殊意义后，它才得以与其他两者共同成为人们追逐的对象。

在大多数情况下，那些对财富带有病态欲望的人们都面临着对极度贫穷的恐惧感，因此像被套上了枷锁的驽马一样永远无法停止追求财富。然而，这种病态的渴望与普通意义上的追求有着明显的区别：让他们获取满足的，是拥有财富本身，而不是在赚取财富后的享乐行为。当然，对财富的追求不一定只针对物质方面，还有可能表现为试图占有他人，或者作为防御手段来避免失去爱。这已经不是我们第一次接触到关于占有的概念，它往往具备着强烈的保护性色彩，鉴于前文中已做出了充分论述，在此就不再过多解读。

在详细讨论权力、声望和财富这三种欲望的不同表现之前，我曾经介绍过这样的观念：这些欲望不仅是面对焦虑时的防御机制，也起到了释放敌对情绪的作用。这里提到的敌对情绪可具体划分为操纵、羞辱以及侵犯他人等等，而实际展现为哪一种，则取决于个体的倾向性。

在追求权力欲望的过程中，对他人的支配往往会借助善意作为伪装，就像在许多情况下，患者会将其表现为带有帮助性质的建议和劝诫，关心他人遭遇到的问题，在某些领域作为领导者的指引等等。而当这种行为掩藏的敌对情绪被暴露，导致其在人际关系方面遭受了质疑或反抗，他们便会对试图反抗的对象产生更加强烈的愤怒和敌意。他们当然无法意识到，自己的敌意已经让所作的行为严重冒犯到了他人，反而会认为是他人不理解自己的良苦用心。但在外界看来，让神经症患者大为恼火的都是些无关痛痒的细小事务，也并没有人刻意对他们提出反对意见，只不过没有符合他们的意愿罢了。从某种程度上说，这种用于释放敌对意识的手段已经温和了许多，它就像用来防止敌意因为长期压抑而最终爆发的安全阀，只有在遭遇特定的情境时，才将部分的敌对情绪予以释放。在安全机制的保护下，虽然患者会在情绪发泄时造成一定的负面影响，但在破坏程度上已经得到了大幅削弱，不至于对正常人际关系带来毁灭性的影响。

而释放敌意的安全阀并不适用于所有的神经症患者，部分患者会在试图支配他人却遭到反抗时，将本应释放的敌对情绪再次压抑下来，进而形成新的焦虑来源。虽然在焦虑程度和表现形式上较为轻微，如短期的意志低落、沮丧抑郁，但这些难以被他们和外界所察觉的焦虑情绪也会造成新的麻烦。尤其是在精神分析的过程中，我们很容易忽略这种外部表现的真实来源，导致患者长期累积的敌对情绪难以得到排解。因此，在对待各种形式的情绪反应时，我们需要抱着严谨的态度，探究导致其出现的外界刺激。

在对这种隐藏在权力追求中的支配欲望进行观察时，我们很容易发现其中更深层次的原因，也就是神经症患者在人际交往中平等意识的匮乏。这种类型的患者很容易陷入某种极端的处境，要么以强势的主导地位支配他人，要么在无能为力的心理状态下对他人无条件屈从。由于他们在人际关系的理解中存在偏差，这两种极端情境很容易相互转化：但凡是无法掌控绝对权力的事情，都会让他们自认为处于被操纵的地位，并因此产生强烈的敌对意识，当这种敌意被压抑时，随之而来的焦虑和沮丧又会将他们置于茫然无助的处境。从另一个角度来说，这样的无力状态也可能被患者当作要挟他人的手段，借助他人对自己异常状态的关心来重新回到期望的主导地位。某位神经症患者的事例就刚好佐证了这个观念：她是一位渴望支配他人的女性，于是在和丈夫决定前往国外某座城市旅游之前，她对该城市的地图进行了充分的研究和记录，并顺理成章地主导了他们两人的行程安排。而当他们来到某些未曾计划过的区域时，完全陌生的环境让她感到紧张不安，便让自己的丈夫承担了引路任务。但在重新获得了安全感后，她却未能恢复之前的心理状态，反而因为失去了主导权而变得心情沮丧，甚至无法继续他们的旅行计划。不同于我们大多数人经营的各类人际关系，神经症患者既无法从他人付出的关爱中收获满足感，也难以为他人带来精神上的愉悦。无论是对待好友、配偶，还是从小共同生活的家庭成员，他们都像是以剥削他人为乐的奴隶主，一面永无止境地要求对方按照自己的意愿行事，一面在对方表现出拒绝时变得茫然无助，试图借此唤起外界的同情心。即便当自己的要求得到满足，他们还是会在内心对他人怀有不满，认为自己的地位被外界所忽视。

类似的行为同样会出现在患者接受精神分析时，尽管他们并不认可医生的分析和建议，却仍然希望获取医生的全部关注，一旦他们的诉求未能得到满足，便对医生抱有强烈的敌意。经过医生的长期努力，部分患者也许会成功意识到自己存在的问题，但当需要通过内在反省来纠正以往的错误行为时，他们又会将全部的注意力放在缺陷和焦虑本身，而不是如何减缓焦虑。最后，发现症状未能得到好转的患者再次开始了对医生的一系列要求，以此陷入了恶性循环。

对这类患者来说，不断重复这种毫无意义的循环反而可以得到两方面的精神满足：首先，拒绝配合治疗以及将重点放在自身缺陷上的行为会迫使医生对他们投注更多的精力，这让他们产生了满足自我意愿的愉悦感；其次，虽然他们很难对医生进行直接的操控，但这种让医生备感痛苦的行为也未尝不是另一种意义上的支配，这显然会让他们感到满足。因此，这类患者往往会乐此不疲地接受精神分析，尽管这并不会对病情产生实质上的帮助。毋庸置疑，上述的系列心理活动都发生在患者无意识的状态，他们只能清楚地意识到自己需要精神分析的帮助，并且现有的治疗未能让其病情得到缓解。这也是他们在斥责医生时显得理直气壮的原因，对他们而言，愤怒于毫无作用的精神分析确实可以称得上有理有据。当然，尽管并不清楚自己的心理活动过程，患者还是会察觉到些许的愧疚，但在自尊意识的影响下，他们不仅不会纠正此前的行为，反而会主动抢占医患关系中的主导地位，指控医生渎职，乃至虐待患者。同样是出于掌控欲的驱使，无法根据实际证据来说服自己和他人的患者开始反复向自己灌输遭受虐待的观念，进而让外界留下其的确被医生虐待的印象。事实上，他们既不希望遭遇医生的虐待，也从未被医生真正虐待过，只是这种臆想出的事实会帮助他们占据主导地位，从而实现支配他人的目标。

在试图操纵他人的过程中，神经症患者通常会产生出新的敌意，并为了达成目的而强行压制敌对意识，由此导致了种种压抑行为，如无法准确地传达指令、观念以及意愿等等。这些外化的抑制倾向会让患者产生脆弱无助的感觉，以致从绝对强势转变到过度依赖他人的心理状态。

我们在许多热衷于追求名望的人们身上，都能找到曾经被他人侮辱、歧视的经历，而当被折损的自尊心逐渐演变成了强烈的复仇欲望，在拥有名望后转而侮辱他人便成了他们最大的爱好。在多数情况下，这类患者都是在童年阶段遭遇了严重且长期的侮辱，既可能是由族裔、家庭经济环境等外部社会因素所导致，也可能来自缺乏父母关爱的恶劣家庭关系，以及同龄人的欺辱与霸凌。出于自我保护的需要，人们往往会选择遗忘掉这些痛苦的经历，但在遭遇类似的情境时，它们仍然会被重新唤起。但曾经遭遇过侮辱并不意味着会形成病态的欲望，只有形成了由"遭受屈辱→以渴望侮辱他人作为报复→恐惧侮辱行为遭遇失败，受到新的侮辱→欲望不断累积"的心理活动变化，才会在焦虑和敌意的不断积累下演化为对获取名望及侮辱他人的病态渴望。

相较于其他类型的神经症患者，倾向于侮辱他人的患者往往有着更强烈的压抑倾向，曾经遭受侮辱的经历和感受让他们清楚地认识到被侮辱者通常会产生对报复的渴望。因此，他们在试图侮辱他人时，也会恐惧遭到他人的报复。尽管他们在主观上对这种倾向进行了压抑，但他们还是很容易在无意识的行为中让他人形成被侮辱的感受，例如在言语中轻慢他人，让他人在约定的时间被迫等待，通过某些行为将他人置于备感困窘的境地，等等。虽然这些行为都发生在神经症患者无意识的状态，他们也无法认识到对他人造成了侮辱，但内心的焦虑感仍然会让他们隐约地产生恐惧，担心自己会遭到他人毫无征兆的侮辱或报复。对于这样的恐惧心理，我会在后文中进行详细的论述。在这里，我们可以将其理解为由于被侮辱的经历而产生的高度敏感，而这种敏感心理导致了压抑倾向的逐渐形成。受到压抑倾向的影响，患者往往会逃避任何可能侮辱到他人的言论和行为，无论这些行为是否必要。他们不愿评价他人的表现，不愿拒绝他人提出的过分要求，甚至不愿裁撤手下的职员，长此以往，他们便在人际交往中显得过分软弱。

对于部分患者来说，他们不仅会压抑自己的侮辱欲望，还会给外界展露出完全相反的崇拜倾向。从表面上看，我们很难相信这两种对立的倾向会同时存在于个体心理中，这恰恰为患者的侮辱欲望提供了绝佳的伪装。事实上，即便抛开隐藏侮辱倾向的诉求，这两种看似相反的倾向也有着同时存在的可能性，它们只是会在不同的时期交替出现。同时带有侮辱和崇拜倾向的患者通常会根据对象和阶段的差异来分配这两种极端倾向，他们可能在侮辱女性的同时崇拜男性，也可能在崇拜少数人的同时侮辱剩余的大多数人，即便是针对同一个对象，他们也会在不同的阶段表现出崇拜或者侮辱的情绪。由于不同患者在人格特质上的巨大差异，这两种倾向在交替出现的时机和对象上也各不相同。这正是在精神分析的过程中经过观察而得出的论断，许多患者会同时对医生产生崇拜和侮辱的情绪，只是在两种极端情绪的选择中有所差异，他们要么压抑其中一种情绪，要么在两个极端中游移不定。

如果说追求名望通常意味着侮辱他人的倾向，那么对财富的渴望则与剥夺有关。当然，我并不是将偷窃、欺诈和剥削等社会文化中常见的现象归结为病态欲望，这些现象都有着相对客观的生长环境，如传统的权术斗争观念，胜者为王的文化氛围，个体的实际处境，等等。神经症患者具有的剥夺倾向则与这些现象有着本质上的差别：他们更多地将剥夺他人视为精神上的愉悦和满足，哪怕在其中付出的代价要远远高于实际所得，他们依然会为成功对他人实施剥夺而感到兴奋不已。就像在市场上，这类患者会情愿花费整整一天的时间穿梭于各个店铺间，反复地比对和砍价，只为获得微不足道的折扣。尽管这是对时间成本的极大浪费,但他们从中获得了精神层面的双重愉悦:首先是对自身能力的强烈认同感;其次则是依靠智慧对他人利益实现了剥夺。

在不同的情境和人际关系中,这样的剥夺倾向也有着不同的表现形式:在精神分析中,他们会期望医生能无偿为自己提供帮助,或者将医生的报酬压缩至自己能够承担的范围内,一旦这些要求无法被满足,他们便会产生敌对情绪;在工作领域,他们则要求手下的雇员无条件地加班,并拒绝为此支付薪水;家庭关系也是同样如此,这类患者往往会以爱的名义,要求子女为自己做出牺牲,甚至不惜以子女的人生为代价。在那些相对较为温和的剥夺倾向中,患者通常会将剥夺的事物转移到情感方面,不仅拒绝向子女提供应有的关爱,更希望子女无时无刻不对自己抱有愧疚和感恩的心态。这也是另一种剥夺倾向的表现形式,他们习惯于扣留本应属于他人的事物,或者拒绝给予他人某些东西,例如薪酬、关爱和性满足等等。许多患者都会在梦境中做出掠夺、欺诈的行为,甚至在某些情境中产生类似的冲动,只是主观上对这些冲动进行了压制,进而在适当的场景做出相应的行为来满足自己的剥夺欲望。

正如追求名望的神经症患者难以认识到自己的侮辱欲望,这些渴望财富的患者也并不清楚自己对他人的剥夺倾向。只有当他们遭遇的某些情境触发了内在的焦虑感,尤其是在需要为他人付出时,这种剥夺倾向才会对行为产生影响。例如,他们会忘记为亲人或好友购买生日礼物,会在伴侣提出性需求时恰好阳痿，尽管这些屡次发生的行为可能会让他们察觉到自身的剥夺倾向，但他们会对这样的发现感到恐惧及厌恶，进而在主观上否认自己的剥夺欲。于是，这种恐惧和厌恶心理很快就让他们对自己的一切行为产生了怀疑，这不仅增添了心理上的焦虑，更让他们无法分辨究竟哪些行为是出自剥夺欲的驱使。

我们也许都有过这样的感受，当他人获得了我们渴望已久的地位或者事物时，总会产生一定程度的羡慕乃至嫉妒感。虽然这会让我们羞于承认，但只要促发羡慕的事物确实是我们希望得到的，这种情绪便可以说是完全正常的。对神经症患者来说，哪怕是对自己丝毫没有吸引力的事物，他们也不愿被他人获得。带有这种倾向的母亲，他们甚至希望剥夺子女成长中的快乐，他们会对子女说："今天笑的人，明天就会哭。"

当然，这类神经症患者并不希望被外界发觉自己病态的剥夺欲，他们会将其伪装成对美好事物的正常羡慕。但在合理化自身行为的过程中，这种"羡慕"情绪的适用范围又成了新的问题：无论是社会地位、兴趣爱好，还是优秀的情感伴侣，甚至是再为普通不过的玩偶，都会让他们产生嫉妒感，而这显然是不合常理的。因此，他们便开始对实际情况进行扭曲，臆想出自己拥有的一切都不如他人优质的错误幻觉。在某些极端案例中，患者会将这种嫉妒感归结为自己注定无法获得他人拥有的任何事物，由此产生出自卑心理，以致无法从生活中收获满足感。在某种程度上，这也从侧面防止他们担心遭到他人的嫉妒，进而提供了一定的心理安全感。但总体来说，这类患者的剥夺欲和自我贬低行为仍然造成了强烈的负面影响，让他们在焦虑的影响下无法正确看待自己拥有的事物，最终长期处于消极抑郁的状态。

在无法享受愉悦感的同时，这类患者还会面临人际交往的恶性循环，他们一方面在病态的人际关系中形成了剥夺欲，另一方面又将这种倾向作用在人际关系上，导致其进一步恶化。当然，这里所说的人际关系仅限于他们能够从中剥夺利益的群体中，他们也许在面对陌生人时表现得潇洒自若，但当正在交谈的对象成为欲望的"猎物"，他们就会突然变得极度紧张，展现出种种不自然的状态。哪怕仅仅是在未来可能会带来某种好处，无论是潜在的性关系发展对象，还是在事业生活上可能会给出建设性意见的人，都会被他们列入被剥夺者的名单。这种状态也可能延伸到感情关系中，让他们将对方的爱等同于能够被剥夺的事物，于是在面对自己喜欢的异性时开始局促不安，与在其他异性面前滔滔不绝的形象大相径庭。

无法否认的是，这类群体的剥夺欲望可能会促使他们在商业领域拥有更多的激情，但当涉及薪酬和物质交换时，他们反而会在剥夺倾向被压抑的基础上变得羞于开口，不但未能剥夺他人的利益，甚至连自己应有的报酬都难以得到。在交易结束后，发现无法平衡得失的他们便会产生强烈的敌意和懊悔情绪，虽然他们并不知道这种情绪的真正来源，但日益加剧的抑制倾向很可能让他们在人格上逐渐走向更加病态的处境，甚至不再能够依靠付出来支撑正常生活，只能依赖于外界提供的帮助。当然，这种无法自立的状态也许满足了他们剥夺他人的欲望，只是在表现形式上有所缓和，不再完全以自我为中心要求他人付出，而是将自己置于弱势的地方，恳求他人在事业和生活中给予充分的帮助。在此时，患者已经失去了对生活的掌控能力，将自己的生活完全交到了他人手上。他们似乎难以认识到只有自己才是自己生活的拥有者和享受者，在享受生活和荒废生活的两种方式之间，并没有第三种选择，也就是他们采取的逃避与依赖行为。他们的态度就如同周遭的一切都与他们毫无关系；就如同所有好事或坏事都与他们的行为无关，而纯粹源于外界；就如同他们有权享受别人的劳动成果，而把失败全部归结到别人身上。然而，这样的态度往往导致坏事会比好事来得容易。如此的表现方式，也会体现于对爱的病态需求，特别是当这种需求表现为物质方面的渴望时。

  另一类型的剥夺欲望往往会以持续的焦虑感表现出来，具体反映为无时无刻不在被他人剥夺的恐惧中度过。无论是物质财富还是精神思想，无论是交往密切的家人朋友还是素昧平生的陌生人，都会激发出他们的恐惧。而当他们在生活中切身遭遇了他人的剥夺，例如计程车司机刻意绕远路、饭店服务员谎报账单等等，长期积压的恐惧感便会释放出爆炸性的敌对情绪，让他们在愤怒中做出失当的行为。站在神经症患者的角度，这种过度的愤怒其实并不难理解，他人欺诈的行为恰好让他们将被压抑的剥夺情绪得以宣泄出来，借此来短暂逃避这种病态的欲望。就像辛克莱·刘易斯在塑造多兹沃尔斯夫人时，用入木三分的笔触描绘了癔症患者是如何借助斥责与威胁在人际关系中占据主导地位，从而对他人进行剥夺。

回顾在本章节中讲述的三种神经症的欲望类型，我们大致可以得出这样的概括和对比：

目标	为了获得安全感而对抗	敌意的表现形式
权力	软弱	倾向于支配他人
名望	屈辱	倾向于侮辱他人
财富	贫穷	倾向于剥削他人

在精神分析的发展历程中，阿尔弗雷特·阿德勒之所以扮演了重要的引导角色，正是他首次发现了上述这些欲望之于神经症患者行为表现的决定性作用，并对它们常用的伪装形式做了揭露，为后续的研究打下了基础。在阿德勒看来，这些欲望本身是天然植根在人性中的正常因素，这也是学界普遍达成的共识，而对于神经症患者将种种欲望推向病态化的根源，他认为是患者在生理及心理上的缺陷与自卑。

弗洛伊德也在精神分析中对神经症群体的病态欲望做出了分析，并得出了不同于阿德勒的观点。首先，他从根本上反对将权力、名望和财富欲这三种欲望划归在一起；其次，他将患者对名望的欲望归结为自恋心理导致的行为；最后，在权力与财富欲上，弗洛伊德的观点经历了较大的改变。最初，他试图以"肛门欲施虐狂阶段"来定义患者对权力和财富的渴望。

但随着研究的深入,他发现由渴望延伸出的敌对意识无法单纯依靠性驱动力进行解释,便将其归结为人类的死亡本能。从总体上来说,弗洛伊德变更后的推论依旧是基于生物学,而非精神分析的领域。因此,虽然阿德勒和弗洛伊德在这些欲望的分析中做出了较大贡献,但在这些欲望的驱动力上,他们忽略了焦虑扮演的角色,以及所处的文化语境对欲望表现形式造成的影响。

第十一章
病态竞争

在不同的文化背景下,对权力、名望及财富的获取也有着不同的方式。人们既可能通过血缘关系进行继承,也可能借助先天或后天的努力塑造出智慧、坚毅和胆识等被社会认可的个人品质,并在特定的社会活动下将这些品质转化为权力、名望和财富上的成功。正如在我们所处的文化中,家庭继承的财富和社会地位固然扮演着重要的角色,但对于不那么幸运的大多数人来说,仍然需要依靠自身的努力在社会竞争中获取渴望的回报。无论是物质财富、社会地位,还是婚姻和人际交往中占据的话语权,这些注定有限的因素都成为我们竞争的目标。换句话说,只要生活在当今的现代文明社会之中,我们每个人都无法逃避竞争这个话题,这也正是它存在于众多神经症患者内心冲突中的原因所在。

相较正常群体对竞争的认知,神经症患者的不同之处主要存在于如下三个方面：首先，虽然任何形式的竞争都必然体现在和他人的对比之中，但他们往往过度放大了竞争的对象和范围，以致将竞争延伸到了所有领域。即便是对那些与自己丝毫没有竞争关系的人们，神经症患者也会不自觉地进行比较，从智慧的高低到个人魅力的强弱，都会成为他们衡量的标准。当这种竞争欲日益加深，他们俨然变成了赛马场上的骑手，将超越竞争对手视作唯一目标。当然，神经症患者真正在意的从来都不是事业本身，而是能够获取的权力和财富，以及超越他人带来的愉悦感。多数患者通常难以察觉自身存在的问题，即便是部分意识到自己争强好胜特质的患者，也无法从本质上了解病态竞争欲望在其中起到的影响。

另一方面的差异则表现在竞争目标的设定上。不管是否有着充分的热爱，只要它能为个体带来超出常人的荣誉和赞誉，便会被神经症患者当作竞争目标，来实现炫耀和自我满足的需要。在此时，这种欲望已经脱离了正常竞争的范畴，甚至可以被冠以野心的称谓。但对于患者来说，他们要么彻底地处于无意识状态，要么将野心完全压抑下来，或者只展现出较为温和的部分。尤其是在部分野心被压抑的情况下，可能会让患者产生一定的自我麻痹感，认为自己并不在意物质上的财富和地位，只是抱着对事业的专注之情，甘愿充当默默无闻的幕后工作者。在谈及曾经的心理状态时，他们也会坦然承认过去抱有的野心，也许是男孩憧憬着成为圣人耶稣，或者像拿破仑那般拯救苍生的绝世英雄，也许是女孩幻想着被威尔士亲王迎娶为王后。但从当下的角度对自己进行审视时,神经症患者断然不会承认自己的野心仍然存在的事实,而是会对野心的逐渐丧失感到遗憾沮丧。而那些压抑倾向强烈的患者甚至认为自己注定与野心无缘,无论是过去、现在还是将来。这样的压抑情绪只有在精神分析的帮助下才有机会得到缓和,进而让患者重新回忆起自己曾经关于野心的幻想,它可能是期望自己在从事的领域中取得骄人的成绩,可能是憧憬着拥有美丽的外表以及出众的智慧,也可能是对周围的某个女性爱上别的男性而感到嫉妒和愤怒。当然,这些在头脑里转瞬即逝的念头往往会被神经症患者忽略,更不用说将它们和内在的野心联系起来。

通常情况下,这种病态的竞争欲望只会着重于某些特定的目标,比如智慧、品质、个人魅力及社会地位等等。但随着欲望的不断累积,患者带有的野心也会逐渐延伸到一切社会活动中。只要是令自己产生兴趣的领域,就一定要在其中扮演起富有影响力的角色,他们既想成为推动科技进步的发明家,又想当救死扶伤的医生,还想着在音乐领域大显身手。倘若患者恰巧是位年轻爱美的女性,她便会期望自己在照顾好家庭的同时,时刻保持着潮流时尚的美貌外表,顺便在职场中纵横捭阖,迈入事业发展的快车道。对于精力旺盛的青少年来说,类似的现象则要更为常见,他们的爱好往往涵盖了建筑、文学、医学以及音乐演奏等诸多方面。但众所周知的是,任何领域的精通都需要投入大量的时间和精力,除非是极其少数的天资聪慧者,要想同时在不同领域取得建树,显然是不可能完成的任务。于是，不愿抛弃野心的年轻人就这样开始了自己的追求，并且怀有绘画比肩伦勃朗、剧本超越莎士比亚的美好幻想。而在实际操作中遇到挑战时，脱离实际的野心让他们难以做出恰当的应对措施。当类似的挫折不断重复，他们又在短暂的沮丧后重新投入了新的追求。也许这些年轻人确实拥有实现成功的潜力，但在竞争欲望的影响下，过于广泛的涉猎让他们始终无法在某个领域沉下心来。最终在循环往复的追求中浪费了青春和天赋，只留下空洞的幻想和无数次失败的教训。

  尽管在野心的认知上存在差异，这类群体仍然拥有着鲜明的共同点，也就是面对挫折时的过度敏感。我在这里所说的挫折，并不是普遍意义上的失败，而是任何无法满足他们幻想的实际情境。就像是某位学者成功发表了科研论文，但论文的影响力只集中在较小范围内，未能如愿在学术界造成轰动，这便会让这位学者产生沮丧的情绪。类似的情况也会发生在学生群体，当他们顺利通过了某项高难度考试，本应激发的喜悦却在发现他人也同样通过后变得荡然无存。在这种心理状态下，哪怕再为卓越的成功也难以让患者感到愉悦和满足。此外，他们还对任何来自外界的批评格外敏感，无论是职场中的领导，还是书画作品的读者，都会导致他们变得闷闷不乐。在许多案例中，备受批评困扰的神经症患者甚至会彻底中断创作和生活的热情，尽管这些批评通常是出于善意及客观事实，却仍然能对他们在精神上造成严重打击。

  区分竞争欲是否病态的第三重特征在于心理层面的敌对意

识。具体来说，神经症患者会将自己的地位无限拔高，进而敌视任何可能威胁到自身的对象。我之所以要对敌意的范围做出限定，是因为它在某种程度上可以被看作竞争的必然产物：任何形式的竞争都注定将产生胜负，由此产生的敌对意识通常是无法避免的。因此，我们并不能单纯地把竞争中的敌意作为判断神经症的依据，而是需要结合敌意的综合表现。在那些带有病态竞争欲的患者身上，强烈的敌意已经脱离了竞争的副作用性质，转而成为主导竞争的驱动力。换句话说，比起从成功中获得愉悦，他们更渴望享受击败他人的乐趣。当然，我将在后文中向大家阐明，这种对成功失去欲望的表现实际上是压抑倾向的产物。无论如何，每当投入到激烈的竞争中，神经症患者的目标有且只有一个，那就是成为最终的胜利者。他们只有目睹竞争对手被自己踩在脚下，才能从残酷的竞争中获得精神上的满足。

在我们的文化语境中，与之相似的权谋和竞争手段早已屡见不鲜，从不惜自损的恶意竞争到打压潜在的竞争对手，但这些终究是为了从竞争中获取利益，并且经过仔细考量后的行为。神经症患者却并非如此，他们既不在意能否通过击败他人取得收益，也不关注对方是否具备实质威胁，一切的行为只不过出于病态欲望的驱使。在对竞争的认识上，他们固然相信"竞争的赢家永远只有一个"，却不自觉地将自己带入了胜利者的视角。这种信念是如此的盲目和强烈，以致患者彻底将竞争成果抛在脑后，不遗余力地对他人进行攻击。而究其根源，我们不难发现隐藏在竞争欲背后的焦虑倾向,就像是从事剧本写作的神经症患者会害怕越来越多的竞争者进入这个行业,他们并不期待自己的作品能取得成功,而是害怕他人夺走了本应属于自己的事物。

我曾经治疗过的两位患者就是典型的例子,虽然他们都还处在青少年阶段,却带有强烈的焦虑和敌意。病情的起因来源于他们曾被父母认为有智力发育缺陷,这让他们的成长环境充斥着不安全感。而当两个孩子最终显露出了极高的智力水平,父母的怀疑也被正式打破,他们开始产生了挫败父母的敌对情绪。这种敌意甚至出现在了精神分析的过程中,其中的一位孩子就像对待父母和老师般对我遮遮掩掩,始终不愿展现出真实的思维水平。他们渴望挫败成年人的野心是由焦虑感导致,并在敌对意识的表象下得以隐藏,让我一度为其所迷惑。在另一种情况下,患者强烈的野心造成了其在家庭关系中的冲突,他们会试图反抗父母做出的任何安排。倘若父母要求他们言行得体,正直宽容,符合社会的道德准则,他们便有意打破公序良俗的枷锁,在行为上放荡不羁;倘若被寄予开发智力的深切期望,他们便拒绝接受任何形式的学习教育,让自己显得呆板木讷。总而言之,这种挫败他人努力的渴望经常出现在各种类型的人际交往中。

即便外界付出的努力是为了对他们产生帮助,例如精神分析、培养教育等行为,神经症患者也会在行为中采取同样的态度。也许他们能够意识到接受帮助的益处,但相较而言,用牺牲自我利益来挫败他人的愉悦感似乎对他们更富有吸引力。为了实现目标，他们不仅拒绝接受帮助，甚至愿意付出更大的代价让他人的努力付诸东流，如放任病情恶化。当目的顺利实现，他们便会产生这样的快感：作为老师和医生，你们的努力丝毫没有任何作用。当然，这一系列的心理活动都发生在患者无意识状态，他们只会根据结果做出直观的判断，认为接受的治疗或教育确实是失败且无用的。

在潜意识里，具有病态竞争欲望的患者反而会恐惧神经症得到治愈。他们往往会不择手段让医生的努力化为泡影，当然也包括牺牲自己精神健康的方式。即便他们单方面的不配合仍然未能阻碍精神分析的进行，患者仍然会锲而不舍地加以阻挠，比如提供虚假的个人情况、假装出神经症越来越严重的状态。而当病情最终得到好转，他们会在拒绝承认的同时，将其归功于气候、环境、药物乃至自我反省的作用。总体来说，不管在治疗过程中遭遇怎样的情况，他们既不愿意听从医生的建议，也不愿正视医生扮演的正面角色，只是盲目地阻挠医生为他们付出的努力。在某些情况下，带有竞争欲望的患者可能会将医生的建议视作自己的领悟，从而让野心得到满足。同样的案例也会出现在众多领域，这类群体往往会拒绝接受任何由他人提出的观念或是兴趣，从某项新的思想理论到新潮的影视书籍，只要是由他人率先提出，就会让患者产生强烈的排斥心理。他们不仅对他人提出的事物进行诋毁，甚至会在某些情况下试图争抢它们的归属权，以致引发矛盾冲突。这种状态也被称之为无意识的剽窃行为，其根源仍然是神经症患者的病态竞争欲望。

虽然这些表现通常出自无意识状态，但倘若某位医生在精神分析中向患者详细阐明了前因后果，这便会让他们爆发出强烈的敌对意识：要么对医生恶语相向，要么在办公室里大声吼叫、责骂。而当敌对情绪逐渐得到发泄，神经症也在医生的充分治疗后日益好转，患者在亲身经历了这些转变后，可能还是会在主观上有所抗拒，拒绝对医生予以感激。当然，还有诸多心理因素会导致这种抗拒情绪，像我们在前文中提到的"害怕被医生操控"，但患者带有的病态竞争欲往往起着主导作用。让他们不愿将病情好转的事实归功于医生的努力。

事实上，成功挫败他人未必会为患者带来精神愉悦。在他们看来，那些受到挫败的人也会和自己一样产生敌意，随时等待着机会寻求报复。为了压制心理上的不安及焦虑感，他们会反复向自己灌输臆想出的观念，例如"这并非出自本意"，以便为此前的行为赋予充分的正当性。

在竞争欲的驱使下，神经症患者一旦养成了打击他人的习惯，往往会对自己造成更大的损害。由于这种倾向很容易被任何程度的不同意见所激发，哪怕他们正在推动某项切实可行的举措，也会因为再小不过的批评彻底丧失了兴趣，将精力转移到诋毁对方的欲望上。长此以往，因为无法在主观上始终保持正面积极的心态，他们也就难以做出任何切实有效的成绩。

无论是权力、财富还是欲望，几乎所有领域的竞争都可能产生上述提及的破坏性冲动，我们也很容易在激烈的竞争氛围下表现或者想象出类似的行为。但只要这些破坏性冲动是为了获取竞争胜利，就不能被视为神经症的表现。对于真正的患者而言，在破坏性冲动的影响下，对竞争对手加以诬蔑、诋毁和欺诈早已取代了原本的竞争目标，成为他们评价竞争成功与否的唯一标准。如果顺利在某项竞争中取得胜利，甚至还没来得及打压对手，神经症患者便会感到无比沮丧，产生出懊悔、愤怒以及备受打击的情绪。

随着社会中竞争意识的不断增强，两性之间的关系必定会因此受到影响，除非男人和女人的生活领域被严格划分开。但即便如此，病态竞争由于其破坏性威力，依然会比一般竞争带来更大的危机。

在恋爱关系中，神经症患者挫败、压制、侮辱对方的病态倾向发挥着重要作用，性关系成为其中的一种手段，这显然违背了性爱关系的本质。弗洛伊德就曾经阐述过这类患者群体在两性关系中表现出的分裂倾向：他们往往更喜欢那些择偶标准低于自己的异性，而不是他们爱慕的人。这种选择癖好其实不难解释，患者会在竞争欲的驱使下将性行为与侮辱倾向结合起来，这要求他们在两性关系中不带有任何感情色彩。一旦掺杂有任何感情和爱慕的成分，他们便无法通过侮辱来获取性满足。我们把这种心理状态称为固定作用，它很可能来自患者童年时期的家庭关系。当他们长期被母亲施加侮辱，便会形成相应的报复欲望，但受到不安全感的影响，尚处在童年的他们只能把欲望压抑下来,表现出无条件的顺从。在成年之后,周围的异性被他们划分成了两个类型,前者是可以通过侮辱打压来获取性满足的对象,后者则或多或少带有爱慕色彩,并且在其中隐藏着敌对意识。

这类患者会在潜意识里带有物化女性的情结,他们将女性的贞操看作其固有的价值,因此乐于以发生性行为的形式剥夺和贬低女性。虽然很难认识到这种心理,但他们的实际反应却暴露了这样的内在逻辑,甚至会让自己都感到困惑。尤其是在与外貌或社会地位高于自己的女性发生关系后,他们会在潜意识里为对方感到羞愧,认为与自己发生性行为理应是件十分耻辱的事,并以此获取满足感。倘若与其进行性行为的女性恰巧也具有同样的侮辱倾向,她的确会将此视为莫大的羞耻。即使发展到了恋爱关系,她们也会不希望这段感情被外界知晓。在她们看来,自己的伴侣是如此的一无是处,以致找不到任何值得欣赏的优点,而这样的评价显然是有失公允的。根据对大量案例的精神分析表明,潜意识里的贬低倾向也同样适用于女性群体,尤其是在与男性的感情关系中。朵连·菲根鲍姆曾在一篇论文中描述过这样一种病例。该论文将发表在《精神分析季刊》上,名为"病态羞辱",但他对该病例的解释与我不同,他最终把这种羞辱感归结为阴茎崇拜。而我则认为,所谓女性阉割倾向和阴茎崇拜,大部分源于侮辱男性的潜在愿望。在这种倾向的形成原因方面,女性群体要显得更加多样化,可能是受到父母偏爱男孩的影响,也可能是对缺乏野心的父母产生憎恶,或者在情感方面屡次受挫,将其认定为自身缺少人格魅力的缘故。此外,她们的侮辱倾向也可能来自同性群体,她们对同性的报复欲望被恐惧压制,进而转移到了男性身上。

无论是男性还是女性,都可能在行为上意识到自己的侮辱欲望,但这通常只发生在他们刻意施与侮辱的情况下。就像某位少女会将获得愉悦作为目的,肆意玩弄身边男性的感情,在几番挑逗勾起了对方的好感后,又开始恢复到冷若冰霜的态度。而当她们并未抱有类似目的,侮辱倾向便会发生在无意识状态,让她们难以察觉。从贬低男性的事业追求到表现出性冷淡的状态,这些常见的行为都是她们侮辱欲的表现。当然,她们并不是真的对性行为毫无兴趣,而是借此否定男性的个人魅力,致使他们在人格上受到侮辱,尤其是对那些恐惧遭受异性侮辱的男性,她们的这种倾向会更加强烈。当然,这类表现也离不开社会文化的影响。在维多利亚时代,人们普遍将性行为与女性的贞节联系起来,发生性关系自然也就意味着遭受人格羞辱。而随着文化观念日益包容,男女两性在性行为方面的平等逐渐成为社会共识,却仍然有部分女性秉持着这样的观念。在她们看来,发生性行为意味着自己遭受了男性的侮辱。无论心理和生理上是否需要,这类较为保守的女性都会对性行为抱有排斥态度,并通过幻想被性虐待或者强暴来满足自身欲望。但长此以往,她们会将男性的形象与侵犯侮辱联系起来,继而更加不愿意接触男性。

一个恐惧自己缺乏男性魅力的男人会怀疑接近自己的女性

是真心对自己抱有好感,还是仅为了满足性需要,即使有充足的证据表明对方是真心喜欢他也无济于事。因此,他可能因为自己这种被利用的感觉而憎恶女性。此外,一个男人也有可能将无法满足女性的性需求视为极大的羞辱,因此,他会想方设法满足对方的性需求。在他看来,这种行为体现了他的无微不至,然而,在其他方面,他却可能一点儿都不关心对方,甚至非常粗暴。实际上,他们所谓的"体贴关心"只是出于自我保护的目的,防止因侮辱而受到打击。

几乎没有人会愿意将侮辱倾向展现给外界,而他们采用的隐藏方式通常有如下两种:首先,是将自己放在过低的位置,伪装出单方面崇拜仰慕的态度;其次,是通过怀疑的手段为侮辱欲赋予充分的正当性。我在这里所说的怀疑并不是患者出于理智的批判,而是用来掩盖欲望的伪装,只要对其根源和依据持续追问,就能轻易发现两者间的区别。我曾经接收过这样一位患者,他总是喜欢在精神分析时对我施加侮辱,并且表现出理直气壮的态度。为了察觉这种侮辱的真实意图,我开始向他追问:是否真的对我的专业能力抱有疑虑?在面对这些问题时,他终于变得不再咄咄逼人,而流露出严重焦虑的情绪。

另一种遮掩侮辱欲的途径糅合了诸多因素的仰慕感则要复杂许多。有些男性在将女性神化的同时,看似卑微的心里隐藏着物化女性、侮辱待之的冲动;有些女性虽然将侮辱男性作为人生的座右铭,却又怀着微妙的英雄情结。从某种程度上说,这类患者的英雄情结与大多数正常人没有什么两样,都陶醉于其中的伟大使命和献身精神。但它们本质上的差异在于，神经症患者在英雄情结背后隐藏了两个方面的欲望：其一是盲目地羡慕成功者，而不是成功本身；其次则是希望对成功者施与侮辱，从中获取精神愉悦。

在许多婚姻案例中，类似的矛盾可以说是屡见不鲜。尤其是在我们的社会现状中，男性要远远比女性更容易攫取财富与地位，这就促使许多女性想要通过婚姻满足自己的英雄情结。而那些在物质上卓有成就的男性伴侣，也就成为她们的崇拜对象。在我们的文化中，从某种程度上来说，妻子能够参与并分享丈夫的成就，因此，只要丈夫的成就能够延续下去，她便会从中获得满足。然而，这样的英雄崇拜其实隐藏了诸多问题，她们因为仰慕成就来到了伴侣身边，又希望彻底摧毁伴侣的成就，但她不能这样做，否则便无法继续分享对方的成功。尽管这种心理看似简单，具体的表现往往要复杂得多：她们有时故意表现得尖酸刻薄，在精神上侮辱丈夫；有时肆意挥霍丈夫的钱财，似乎想要对方沦落到破产的境地；有时又像永远无法满足的家庭领导者，逼迫丈夫不断攫取财富或者地位，哪怕以牺牲健康作为代价。

一旦伴侣表现出了势头衰败的迹象，她们会彻底撕下以爱为名的伪装，将破坏性欲望展现得淋漓尽致。在婚姻关系中表现的形象也不再体贴温柔，而是对丈夫的不如意大加嘲讽，这一切都是因为她们不再能分享丈夫取得的成功，自然也就没有必要用爱来掩盖欲望了。

除此之外,当带有病态竞争欲的女性步入婚姻后,也可能选择用爱作为对野心的补偿。有这样一位雄心勃勃的女性,她在事业上依靠着不懈的努力取得了显赫的职场地位,却在与丈夫结婚后彻底放弃了所有的野心,专心于家务和对丈夫的温柔呵护。简单来说,她仿佛在一夜之间从女强人转变成了贤惠体贴的贤内助。但她的丈夫对此并不满意,他原本期望找到在事业上同舟共济的伴侣,却发现妻子竟然在婚后抛下了所有的野心,甘愿小鸟依人。这种突如其来的转变主要归结于病态竞争欲的特质,它虽然让患者看似强势,在内心深处仍然为焦虑所操控,时刻处在担心自己能力不足的恐惧下。而当这位女性找到了生活的依靠,选择在安全感的诱惑下抛弃野心也就不难理解了,但倘若以为这种转变能彻底摆脱焦虑的侵袭,显然是并不准确的。虽然她在行为上选择了依靠丈夫,心理上的竞争欲望和侮辱倾向却仍然存在,呼唤她重新拾起野心,并对丈夫抱有敌对情绪。这也是此类患者具有的共同特征,她们永远处在两个彻底相反的极端,要么充满了野心和斗志,渴望侮辱身边的男性;要么彻底埋葬了野心,在焦虑和安全感间挣扎,最终成为某种意义上的"行尸走肉"。

我曾在前文中强调过,我们的社会文化决定了男女地位的差异,导致女性更多地通过婚姻形式来满足自身的英雄崇拜以及病态竞争欲。但这种现象只是由文化因素造成的结果,而非性别对病态竞争欲的主导作用。换句话说,如果将男女两性的社会地位进行颠倒,女性要比男性更容易通过自身努力获得权力、财富和名誉等方面的成功,越来越多的男性同样也会采取类似的方式。由于我们的社会背景决定了男人在除了爱情之外的所有方面都优越于女性,因此,这种态度发生在男性身上时便会倾向于直接展露自身的侮辱欲,公然破坏对方的兴趣和事业,而无须借助爱的伪装。

不仅是在婚姻关系中,神经症患者对伴侣的选择同样会受到病态竞争欲的影响,并且在表现形式上更加直观。通常情况下,他们在择偶时会将权力、财富和声望等因素作为首要衡量标准,尽管普通人也有可能对这些因素做出考虑,但最终仍然是将感情置于首位。对神经症患者来说,这样的选择标准具有两方面的原因:首先,带有权力和地位的对象往往更能满足他们侮辱他人的竞争欲望;其次,强烈的竞争欲早已让他们在人际交往中陷入困境,以致在面对感情时,并不像普通人那样具有充分的择偶空间。

当然,这种病态竞争欲望也有可能促使患者在性取向上发生偏移,进而选择同性恋作为感情关系。一方面,所占比例的差异决定了同性恋群体通常不用像异性恋般面临激烈的择偶竞争,另一方面,虽然竞争压力相对较少,但同性恋爱关系依然能为缺乏安全感的神经症患者提供减缓焦虑的渠道,这也正是他们迫切需要的。尤其在面对着相同性别的精神分析医生时,由于同时结合了同性取向、病态竞争欲以及基本焦虑等因素,这样的案例通常更具有研究价值。在接受治疗初期,这种类型的患者会反复渲染自己的智慧才能以及卓越成就,试图对医生造成精神层面的侮辱。在这个阶段，他们还未能认识到行为背后隐藏的欲望，只是将其归结为基于自身经验的客观批判。随着表现的加剧，患者开始逐渐察觉到情感上的驱动力，并发现自己的行为其实是与情感相矛盾的。但由于种种因素，他们对情感的影响仍然缺乏足够的重视程度。而当患者再也无法逃避敌对情绪的释放与对医生情感间的内在冲突，他们在不断加剧的焦虑感下变得抑郁沮丧、焦躁不安。在此时，他们终于从潜意识梦境里认识到了这个问题，他们与医生在梦里拥抱，在梦里亲近，在梦里重新找到了对抗焦虑的安全感。当神经症患者选择正确面对自己的病态竞争欲和同性取向时，梦境的暗示才会消失不见。

回顾在本章节中的论述，我们可以得出这样的结论：在病态竞争欲无法实现时，爱和仰慕会被患者当作缓解焦虑的替代品。它具体有着如下四个方面的表现形式：第一，借助情感逃避内在的竞争欲望，试图避免被欲望操纵；第二，在展开感情关系或婚姻后，彻底抛弃对竞争的追逐，依附于对方的保护之下；第三，作为情感伴侣与成功者共同享受竞争胜利的快感，减少自己的奋斗时间；第四，在对他人完成侮辱或打压后，将爱作为补偿措施，防止遭到他人报复。

在病态竞争欲和感情关系的关联中，还有很多因素产生着或多或少的影响力。但以上四种主要表现形式足以说明大多数情况，也就是感情关系通常会被这种竞争欲破坏。尤其是在当下的文化中，患者的竞争欲既是焦虑的源头，也是感情关系的破坏者，并且让他们不断幻想着真正圆满的恋情或婚姻。其影响之深远，值得精神分析学者予以重视。

第十二章
逃避竞争

神经症患者带有的竞争欲望往往具有强烈的破坏性,它不仅会驱使患者在行为及心理上趋向病态,更会导致内在焦虑的激增,进而让患者对竞争产生消极逃避的态度。于是我们不禁要问:他们的焦虑情绪究竟是如何产生的呢?

通常情况下,害怕由于对竞争欲的过度追求会遭受他人报复是神经症患者产生焦虑的重要原因。他们一面渴望不惜任何代价在竞争中走向胜利,甚至对其他竞争者采取各种残酷的打压手段,一面又害怕类似的行为会发生在自己身上,以致成为他人通往成功的牺牲品。这样的恐惧心理虽然不难理解,但它们似乎可以适用于任何心狠手辣的竞争参与者,并不能作为神经症患者和正常群体的判断标准。因此,必然还有某种特殊因素,导致了患者内在焦虑的增长。

尤其是对于正常群体来说,即便在深谙竞争之道的同时害怕遭受报复，他们只会强化自己的竞争欲望，利用更加阴险狠毒、小心谨慎的权术手腕来避免意外。而这一切都来自他们攀登权力顶峰的渴望，以及在操控权力和财富后再也无须担心他人报复的满足感。倘若将这类人群与神经症患者进行对比，我们会不难发现：他们在追求权力的过程中，理性冷酷的态度是始终如一的，无论是对于竞争对手、身边的人际关系，还是心理上的种种情感。他们从来都不在意是否能得到外界的爱，也并不会对这些因素产生信任和依赖。在通往权力顶峰的道路上，他们从来都只相信理性的判断、不留情面的利用与操纵，以及权力本身的巨大力量。即便在渴望权力、财富和名誉的动机上带有些许的焦虑因素，这却并不妨碍他们目标和行为的高度一致，也同样不会让他们像神经症患者那样被焦虑困扰。在某种程度上，他们就像是被设定好程序的精密机器，拥有强大的驱动力量。

相较而言，神经症患者就要矛盾而痛苦得多，他们既不顾一切地渴望得到权力，来实现对他人的侮辱，又在内心深处带有被爱的渴望，希望能从中寻找安全感。两者在本质上相互冲突的状态决定了他们注定失败的结局，也让患者的焦虑感随着时间推移而加剧。那么，他们为什么不愿意直面自己的竞争欲望，并且总是通过压抑倾向来进行逃避呢？简单来说，这一切仍然来自他们对爱的渴望。患者往往不会察觉到，激烈的内在矛盾已经在心理上形成了"超我"意识，主导着竞争欲望和渴望被爱的两种状态。当竞争欲望激发出的强大侵凌性足以影响他们对爱的需要，这个"超我"便会对其进行压抑，防止两种矛盾势力失去平衡。

尽管这样的平衡机制在一定程度上起到了缓解焦虑的作用，但处在极端心理冲突下的神经症患者还是会被焦虑困扰。为了尽可能地摆脱痛苦，他们会有意识地寻求新的解决途径。在通常情况下，患者会采取如下两种措施：前者是将竞争欲望导致的焦虑归结为欲求不满的正常反应，后者则是对自己的野心加以束缚。在竞争心理的合理化方面，其核心的运作机制与他们在渴望被爱时做出的系列反应如出一辙。由于在前文中已经做出了充分解读，在这里我只进行简单的表述。无论是渴望被爱，还是渴望在竞争中收获满足，神经症患者都会将这些病态欲望伪装成正常需要，避免让外界对他们产生抗拒乃至厌恶的心理。当在某场竞争中对他人进行了非必要的侮辱与侵犯，患者会将此美化成为无可厚非的竞争行为。同样的合理化倾向也发生在对他人的剥削和操控中，他们所谓的"需要对方帮助"，其实只是为了满足自身的病态欲望。

当然，这种潜意识里的反应从来都无关于诚实、善良等个人品质。在神经症焦虑的驱使下，它们悄无声息地潜入到患者的思维与言行中，彻底改变他们的人格特质。在某种程度上，神经症患者常见的偏执倾向也来自这里，尤其是在任何情境下都坚持自身行为的正确性，或者以自我归咎和无条件顺从的形式表现出来。虽然与自恋倾向在表面上有着诸多相似之处，但两者在本质上是截然不同的，对于固执己见的患者来说，他们既不认为自己具有优越和值得夸耀之处,也丝毫并不在意坚持的观念是否正确,只是为了借助偏执的行为来说服自己。综上所述,这可以被看作由焦虑感导致的自我防御机制,它通常在潜意识里产生作用,并且缓解了患者的部分压力。

基于对大量案例的观察,弗洛伊德率先提出了上文中的"超我"概念,而这里所指的"超我"之所以能主导患者的行为,关键在于它对焦虑产生的破坏性冲动起到了压制作用。如果我们从另一种角度看待这种合理化倾向,便会发现其中的奥妙所在。这样的倾向固然是为了向外界掩饰自己的真实欲望,让正常的人际交往不至于被破坏性冲动打破。但除此以外,这也让患者得以逃避竞争欲的困扰,从某种程度上满足了他们的精神需要。由于其中还牵涉到神经症患者的犯罪感,我们不妨将这个问题留到后文中再进行详细解读。

受到病态竞争欲的影响,患者往往会产生两方面的恐惧,这让他们选择将合理化倾向作为自己的防御屏障。在一方面,神经症患者会对侮辱具有强烈的恐惧心理,甚至将任何微小的失败视为被外界侮辱的前兆。就像是这样一位敏感的女孩,她总是害怕老师和同学会因为自己学习成绩不好对她进行侮辱。在这种心理的影响下,她开始在任何方面都为自己定下最高的要求:每场考试必须得到全班第一,不允许在答题时出现任何失误;班级活动中必须要表现得光彩照人,要么是展现出逻辑清晰的谈吐能力,要么是在才艺上获得同学的一致赞叹。总而言之,在敌对意识的影响下,只要未能达到自己事先的期望,都会让她萌生出巨大的挫败感,进而在日后的自我要求中越来越严苛,焦虑感也日益强烈。

倘若把竞争结果的不尽如人意比作神经症患者的表层恐惧,那么当自己的竞争欲望被人察觉,而且未能达到满意的成绩后,外界可能做出的嘲笑便成了他们最大的噩梦。在他们看来,没有显露野心的失败尚可以被归结为纯粹出于兴趣的尝试,乃至得到外界的赞赏。但只要向他人表现出了对成功的渴望,就像在残忍的斗兽场里被野兽环绕,所有人都在等待他出丑,并随时准备循着虚弱的气息将弱者撕成碎片。换句话说,比失败更难以忍受的,是自己的骄傲和努力最终都化为了泡影,而这所有的一切都正在被外界围观,顺便投以鄙夷的目光。

在不同的患者身上,恐惧的具体内涵也有所差异,这些差异导致了他们在行为上的分化。有些人害怕失败本身带来的打击,于是便付出加倍的努力来防止遭遇失败,他们也会在即将迎接考验时,变得紧张与焦虑。有些人更加害怕被他人察觉到自己的野心,就会不再担心竞争本身,而是表现为对任何有关竞争的事物都不再抱有参与的兴趣。虽然两种类型的行为都源自相同性质的恐惧,但表现出的行为模式是截然不同的。我们以学生时期的期末考试为例,面对着相同的竞争,前者会选择不遗余力的刻苦复习,把考试成绩位列榜首看作最大的目标;后者则给人留下玩世不恭的印象,他们要么大肆谈论即将上映的电影和演出,要么干脆就什么都不干,仿佛根本就不在乎期末考试的分数,更不屑于同他人竞争。

就像其他类型的神经症患者一样,他们同样无法认识到内在的恐惧,只能从生理和心理上的反应窥见自己的异常。在某些特定的情境下,他们会发现自己无法集中注意力,或者在短时间内感到疲劳沮丧,于是开始担心继续目前行为所带来的潜在伤害:是否会造成心脏病突发或者精神崩溃?又是否应该放弃当前的工作?患者给出的答案当然是肯定的,但他们的身体机能其实不存在任何问题,只是这些情境激发出的焦虑感在生理层面显露了出来,逼迫他们选择逃避与放弃。

为了弥补被压抑的竞争欲望,患者往往会将其他的娱乐活动作为打发精力的工具,例如牌类游戏或者饮酒聚会等等。而女性群体则会放弃精心搭配的衣衫和曾经引以为傲的妆容,变得不修边幅起来。在她们看来,这些耗时费力的打扮很可能就是自己遭受外界嘲笑的根源,即便在容貌和气质上远超常人,她们还是会在潜意识里认为自己是面目丑陋的存在。当她们精心装扮后走在室外场所时,外界的任何言论都可能被她们想象成尖酸刻薄的嘲讽:看那个丑女人,居然还想着化妆。

吸引眼球的美丽、吸引眼球的安逸、吸引眼球的大肆消费,这些在维布伦眼中标志着竞争力的因素纷纷成了逃避竞争者争相避免的存在。无论是否出于真实意愿,任何容易引起外界关注的事物都是他们的死敌,尤其是成为违背主流观念的异类。为了尽可能地避免遭受他人嘲讽,这类患者俨然过起了隐士般的生活,他们信奉着这样的生存哲学:越是低调保守,就越是安全。

随着这种逃避竞争的欲望逐渐增长甚至占据了人格的主导地位,患者的正常生活也会受到强烈的干扰,具体表现为对任何潜在的风险都抱着逃避态度。众所周知的是,除非生长在物质条件极度优渥的环境,否则我们每个人都必须面对竞争的压力,更不可能不付出任何代价便得到物质和精神的满足。因此,逃避竞争者的生活状态必然极其恶劣,甚至完全埋没了潜能。

然而,如果认为拥有病态竞争欲的神经症患者只会产生对失败的恐惧,那未免就过于片面了。事实上,许多能够凭借着自身出色能力赢得竞争的患者,却对成功有着巨大的恐惧,其在程度上丝毫不逊于那些害怕失败的群体,而这也同样是来自他们内在焦虑感的影响。

我曾经接触过这样一位女性患者,她具有浓厚的文学创作天赋,并且也乐于此道。但当她发现自己的母亲同样开始了写作后,却变得极为焦虑不安,甚至彻底放弃了文学创作。这并不是因为她害怕被母亲取得的成就超越,而是担心自己会因为太过优秀的创作水准让母亲感到恼怒或者嫉妒,从而让她失去母亲的爱。受到焦虑的影响,她不但在文学创作上裹足不前,更难以维持正常的生活状态,在对写作的兴趣和失去母爱的恐惧中痛苦不堪。这种恐惧甚至令她在很长一段时间内无法做任何事,她隐隐地担忧:只要自己有所成就,就会引起身边的家人和朋友的嫉妒,甚至失去他们。于是,她开始将原本用来创作的时间投入到维护人际关系上,尽管这种顾虑完全就是不切实际的。

在许多案例中,患者往往并不清楚自己的恐惧根源,只是对恐惧造成的压抑倾向感到疑惑不解。也许是在某场网球比赛中大幅度领先时,明明已经看到了胜利曙光,却总有某种无法形容的力量让自己接连失误;也许是在某次重要谈话中,早已构想好了某个富有启发性的观念,却在阐述时显得逻辑混乱,与往日流畅清晰的表达能力大相径庭。就连那些对未来影响重大的约会,都很可能出现莫名被记错时间或者遗忘的情况。当然,类似事件通常在发生的情境上带有选择性:在有些场合,他们完全能够像正常状态般表现得思维清晰、语言流畅,给人留下良好的印象;但在接触另一部分人群时,又变得紧张混乱起来。尤其是在展示自己的某项才艺时,这样的对比更加明显,从堪比专业级别的演奏水准到连初学者都不如的业余水平,如此剧烈的转变往往只是因为所处情境的不同。正如前文所说,虽然对这种变化感到莫名其妙,但他们是无法意识到其中根源的,更不必说消除这些困扰已久的麻烦。从精神分析的角度说,诸如此类的行为都来自患者对竞争的逃避心理,他们害怕因为展现出高于对方的才能,导致失去对方的爱。例如,他们在语言表达上变得逻辑混乱时,很可能是不愿显露出优于对方的思维水平;在将乐器弹奏得错误频出时,也同样是因为合奏者的水平有限,让他们选择自降水准来顾及对方的感受。

尽管已经在潜意识里压抑了真实水平,但倘若他们还是取得了竞争的胜利，他们通常便会在主观上贬低这次成功的意义，不仅会将其归结于各种外在因素的影响，更不会发自内心地享受竞争胜利带来的愉悦感，甚至觉得胜利似乎并没有发生在自己身上。他们很容易在胜利之后变得沮丧不安，在担心会遭到他人嫉妒的同时，也会为这次成功的"巧合性"感到失望，觉得实际的成功并没有达到他们的预期目的。

综上所述，患者在面对竞争时的心理状态往往是极端矛盾的，他们在强烈渴望竞争胜利来获得精神满足感的同时，还会为自己在竞争中的突出表现感到恐惧，并在潜意识里产生压抑倾向。他们可能会在某次竞争胜利后犯下最低级的错误，在下一场竞争中表现得笨拙不堪；也可能在一堂课上表现得优秀，但下一堂课就表现得一塌糊涂；在接受心理治疗的过程中，前一天的顺利进展总是在次日重新回到原点，甚至出现了更严重的症状；在与人交往时，今天能给人留下好印象，明天就会给人留下坏印象。

抑制作用在整个过程的任一阶段都有可能发生。在严重焦虑的情况下，他们也许会对任何事物都抱不起兴趣；或者在主观上希望成功达到某个目标，却总是受到压抑倾向的阻挠。而那些焦虑程度较轻的患者，则会在顺利实现成功后无法正确认识成功的意义，因而难以从中获得满足感。

神经症患者对竞争的恐惧不仅来源于对他人爱的依赖，也可能是"自贱作用"的影响。所谓自贱作用，是指患者在面对竞争时，将潜在竞争对手的实力与地位进行无限拔高，同时把自己置于完全的弱势地位，以此来过度放大两者间的差距。受到这种心理的影响，患者会不由自主地产生放弃竞争的念头，因为这样的竞争实在太过可笑。

在日常生活中，类似的行为其实并不陌生，我们也都会运用这种策略来缓解面对的矛盾。就像是某位天资聪慧的画室学徒，为了不让老师对他的绘画水平产生嫉妒，会刻意将自己的画作贬低得一文不值。但作为神经症患者来说，他们自我贬低的想法通常是出自真心，而不是正常群体有意做出的权宜之计。哪怕完成的工作已经无可挑剔，他们还是会从中挑拣出各种不足之处，例如工作效率低下、主要得益于外界帮助等等。某位科学家的案例就是这方面的典型，在某项科学问题上，他好像无法利用所学知识对其进行分析，但在向朋友讨教时，朋友却对此大为惊讶，这个问题早已被他自己在某部科学著作里成功解决了。类似的事例还会出现在他阅读学术资料时，哪怕资料中的观点存在明显的错误，他还是会以此作为结论倒推自己在阅读中产生的问题，试图怀疑是自身有限的学术水平在暗中作祟。

更加严重的是，一旦患者认定了这种自卑感的合理性，哪怕对臆想出的自卑感到抑郁沮丧，甚至被他人证明了自卑的毫无根据之后，他们仍然会坚持错误的自我认知理念。如果别人认为他们足以胜任某项工作，他们就会坚持认为对方只不过看到了一种假象，高估了自己。我在前文中就曾介绍过某位被哥哥拒绝延续暧昧关系后产生野心的女孩，她在野心的驱动下刻苦读书，并且名列前茅。但强烈的自卑感仍在笼罩着她，让她无时无刻不认为自己是愚笨和懒惰的。部分对容貌感到极度自卑的女性患者，虽然只要对照镜子就能发现自己动人的美貌，她们却始终认为自己注定得不到异性的青睐。许多患者对年龄的问题也同样敏感，尤其在面对晋升领导职位的机会时，他们在四十岁之前总因为资历不够退却，等到年龄超过四十，又认为自己不再富有领导团队的活力。一位在行业内声望卓越的学者，尽管被外界赋予了诸多赞赏，他却总是认为自己不足以担起如此重任，甚至将他人发自肺腑的赞美视为别有用心的恭维，并且对此感到气愤无比。

如果单纯从个体的行为出发，我们很难从中辨别谦虚与自卑的差异，而这种随处可见的现象也为神经症患者的自贱倾向提供了充分的依据。在患者看来，他们的自我贬低和社会文化中提倡的谦虚品质没有任何区别，但前者实际上是为了压抑内在的竞争欲望，进而使患者有关竞争的焦虑得到一定程度的缓解。

虽然这里提到的自贱倾向主要运用在患者的心理层面，但随着时间和剧烈程度的推移，这种倾向会对他们的自尊及自信造成严重损害。众所周知，无论在任何事业或者生活领域，充分的自尊自信都是个体实现自我奋斗和自我愉悦的根本要素。而当患者最终丧失了正常的自信心理，他们的人际关系、正常生活乃至社会地位都会不可避免地遭遇损害。

根据弗洛伊德的理论，梦境是个体在潜意识层面对愿望的反馈，而具有自贱倾向的患者在梦境中似乎并非如此。他们的梦境仍然是他们在竞争中处于弱势地位，面临着被他人打压和侮辱的危险，这显然与患者渴望获得竞争胜利的心理相违背。但当我们从另一个角度理解弗洛伊德的观念，这种表面上的矛盾其实是解释得通的。倘若患者的欲望和焦虑站在了互相对立的两个极端，对愿望的实现就意味着焦虑的增强，而与欲望得不到满足相比，焦虑带来的痛苦明显要更难以承受。于是，患者的潜意识里就出现了对焦虑的缓解，而不是欲望的满足。简单来说，当某位患者梦到自己被他人打败，这很可能是因为他更加害怕竞争胜利带来的焦虑，而不是对成功没有丝毫欲望。出于敌对意识，我的某位患者曾在精神分析期间坚持进行一场演讲，借此来挫败我放弃演讲的劝告。但在演讲前的夜晚，她在梦境里却坐在了观众席上，对正在发表演讲的我抱着钦佩之情，大声鼓掌表达敬仰。这个案例的主角也可以换成富有竞争欲的教师，他在梦境里反而成为一名学生，面对着现实中的学生站在讲台上，布置着自己永远无法按时完成的作业。

　　由于自贱倾向从本质上是为了压抑患者的竞争欲望，因此，被贬低的能力通常都是患者最渴望超越他人的能力。那些渴望在智力层面超越他人的患者，很可能会在形成自贱倾向后认为自己天资愚钝；对他人的爱具有强烈欲望的患者则会对自己的样貌和个人魅力加以贬低。这样的联系甚至可以被判定为因果关系，我们只要根据患者自贱倾向的应用领域，就能够粗略判断出他们的欲望所在。

读到这里，也许很多读者会产生这样的理解：神经症患者带有的自贱倾向，主要是对事实的夸大和扭曲，进而满足逃避竞争的心理诉求。这种理解固然合乎情理，却未必符合大多数案例的实际情况。事实上，患者的自我贬低意识通常是由两个重要方面组成的，首先是对焦虑的缓解欲望，其次则是对缺陷的自我认知，而这里提到的缺陷是真实存在的。我在精神分析领域始终坚持着这个观念：不管主观欲望和意识有多么强烈，我们终究无法彻底欺骗自己。受到病态竞争欲影响的神经症患者也是如此，虽然他们可能不了解这种欲望的形态，却能够充分认识到其违背社会道德共识的性质。因此，再充分的合理化掩饰也还是会让他们察觉到自己与他人的不同，并且他们需要为这种差异付出相应的痛苦代价，这也就造成了神经症患者自卑感的产生。

除此之外，趋向病态的竞争欲望很容易让他们形成过高的期望。在所遭遇的竞争中，患者往往会认定自己将成为最后的胜利者，而这需要以脱离事实的自我预期作为基础。但当他们环顾四周，却发现自己未能如愿成为改变世界的科技天才或者政治领袖，这种幻想和现实间的落差让他们开始对自身能力产生怀疑乃至自卑的情绪。

尤其是在对竞争的不断逃避中，他们自身具有的潜能和天资无法发挥应有的作用，甚至比不上那些能力相对较低，却敢于抓住竞争机会的人。而随着时间的推移，当他们逐渐意识到这个问题，积极竞争的人们早已在事业和生活上取得了不俗的成绩，自己则仍然徘徊在失败的边缘。在此基础上，他们对能力和实际成就之间的差距也有了越来越深刻的认识，不再将其归结为种种外部因素，而是对自己的人格健康发展产生了怀疑。倘若按照这样的行为模式继续下去，无论拥有怎样的潜力和天资，都将注定在一次次逃避竞争中化为泡影。当意识到这种表里不一的差距后，他们的反应是一种模糊不清的不满足感，这种感觉并无受虐倾向，而是一种真实且恰如其分的不满足感。

或多或少的外部因素并不能构成影响神经症患者实际发展的本质原因，就像我在前文中强调的那样，是来自心理层面的矛盾冲突，让他们和正常群体之间的差距越来越大。而当他们开始对这种差距进行反思时，他们所得到的认识更多的是基于结果而不是根源，这很可能让患者产生错误的思考，认为自己确实在能力方面存在着严重缺陷。这种观念的影响最终构成了无法解脱的恶性循环：他们在人格层面的病态导致了现实中与正常人的差距，这种差异又让自卑心理进一步加深。

对神经症患者造成冲击的不仅是和他人的差距，还有过高的自我预期与实际成就间的反差。由于这种反差直接来自他们的竞争欲望，所带来的痛苦也要更加严重。为了缓解焦虑，他们往往会利用彻底脱离实际的幻想作为对实际成就的替代品，在幻想中营造出卓有成就的假想。对于患者来说，精神幻想的作用可以说是绝对完美的，他们既能从中收获竞争胜利的满足，将自己对外界的意义无限放大，又无须真正参与到任何竞争中来，更不必遭受失败带来的打击。遗憾的是，这种看似能化解内在冲突的手段只存在于虚无缥缈的幻想中，虽然能为他们提供短暂的安全感，但长期发展下去，很容易将患者带入更加危险的境地。

这种幻想行为本身其实更加偏向于中立性质，它只是为人们提供了某种暂时的精神庇护，却并不能决定人们愿意在此停留的时间。很多人都曾有过类似的经历，尤其是在工作压力过大时，幻想着自己成为某个拯救世界的英雄，或者在商界翻云覆雨的商业天才。在幻想世界中游历的感受确实美妙，但我们都能清楚认识到，这种脱离现实的虚妄既不真实，也不可靠。神经症患者却并不如此，他们一旦在幻想世界里将自己认定成为耶稣、拿破仑或者日本天皇等影响世界的伟人，便再也无法从中脱离出来，更不愿意相信他人的劝告。比起现实中他们扮演的角色，从贫困潦倒的门卫到神经症患者，幻想出来的英雄事迹显然要更具有吸引力。虽然他们也许会从虚幻与现实的严重割裂中产生些许困惑，但他们的思维方式早已被带入了幻想世界，认为这一切低微的身份只是外界对他们的刻意打压，用来防止他们察觉到自己真正的伟大地位。

始终在两个极端里游走的神经症患者也会具有两种截然不同的状态：当他们在某些情境中意识到自己沉溺于幻想的现状，便会暂时从中摆脱出来，恢复与正常人无异的思维和判断能力；但倘若他们回到了梦境中，发现自己正穿着王室的尊贵服饰等待加冕，便又会重新接受这种美妙的设定，在幻想中寻求解脱与安慰。虽然在正常状态下，患者通常能够鉴别出幻想的非真实性，但这并不意味着他们会愿意选择抛弃幻想带来的愉悦感。无论这种幻想的本质是否被意识到，都不会改变它们对于神经症患者的重要作用，它们既能让他们摆脱竞争的焦虑，又能完美契合他们内心的竞争欲望，也难怪会被他们当成最后的救命稻草。

在现实与幻想中，往往还隐藏着某种微妙的平衡，就像杂技演员脚下踩着的钢丝绳，当脆弱的平衡被打破时，神经症患者难免从美好的幻想中摔落下来。我们不妨以这样一位姑娘的案例作为参考：她对自身的魅力有着充分自信，因此丝毫不怀疑会和正在相处的感情伴侣迈入婚姻殿堂。但这所有的幸福和满足都被一次突如其来的谈话打碎，她的对象坦露了不愿结婚的想法，认为他还太年轻，一方面对婚姻生活缺少必要的经验和心理准备，另一方面不肯过早地被婚姻关系束缚，想要在结婚前多经历几段不同的恋情。这场变故对姑娘造成的冲击是如此之大，以致让她变得沮丧抑郁，对一切事物和失败都产生了强烈的恐惧感，想要从日常生活中彻底逃离出来。由于她彻底丧失了对感情的信任感，哪怕当男友重新提出复合乃至结婚的建议时，她依旧无法恢复到正常的状态。

这就是神经症患者与精神病患者的不同之处，他们总是用幻想中的预期来要求生活中的所有事物，这种脱离现实的预期于是便让一切都显得不尽如人意，进而加剧了他们的负面情绪。在这样的情况下，他们的自我认识也随时在两种极端间摇摆不定，从将自己的地位比作圣人和英雄，到悲观地认为自己没有任何存在价值。就如同那些浑身上下都在承受疼痛的病人，哪怕是再轻微的触碰，也会让他们将其与疼痛感联系起来，随即产生出逃避意识。悲观、敏感、敌视以及容易被伤害，这些词汇都可以被用来描绘神经症患者的心理状态：他们一面用自贱心理来麻痹自我，一面又会将外界的帮助视为怜悯，从而感到无比愤怒；他们在将自己幻想为英雄的同时，又会对他人的赞美感到惊讶，好像所有的正面评价都只会出现在他自己的幻想里。

从短期来看，这些用来逃避焦虑的幻想确实能为神经症患者带来一定程度的帮助，但当患者开始依赖这种逃避方式，幻想和现实间的撕裂又会激发出他们心理上更大的敏感和焦虑，并且让他们在这两种极端间痛苦挣扎，最终进入了永远无法摆脱的恶性循环。不管患者的神经症严重程度如何，他们都会或多或少地受到这种幻想的负面影响，但对于那些症状较轻的患者来说，仍然存在着建立良性循环的可能。尤其当他们把精力投入到能通过努力获得正面反馈的事物上时，从中获取的自信和满足感也就成了他们摆脱幻想世界的良药。换句话说，只要患者能够从现实中找到缓解焦虑的正确途径，对幻想的沉迷自然会逐渐减轻。

在面对现实生活时，长期对竞争的逃避让神经症患者不得不承受失败的困境，无论是在事业、婚姻，还是个人生活领域，由于竞争欲望的存在，他们难免会对此产生出强烈的嫉妒心理。更加严重的是，这种嫉妒心理通常会受到患者潜意识的压制，他们要么认为自己对这些物质因素不屑于追求，要么形成自己注定不配拥有它们的消极心态。这些受到压抑的嫉妒心理其实并没有消除，反而在他们身上演变成了对外界的投射倾向，产生对遭受他人嫉妒的恐惧。虽然患者只是在隐约间感受到这种恐惧，但每当在感情、事业等方面获得收获时，类似的恐惧便会开始在意识层面浮现，让他们感到无比困扰。长此以往，神经症患者对欲望的逃避心理便得到了进一步加深，既然成功会为自己带来痛苦，他们索性就放弃了对其的追求，任由自己落后于他人。

从总体上说，上文中所提到的恶性循环主要源自于患者对权力、财富和名望等因素的病态欲望，它的具体逻辑可以被归纳如下：基本焦虑、敌对意识以及自尊心受辱→转而追求权力、财富和欲望→焦虑感在竞争中不断加剧→利用自贱心理来逃避竞争→自身潜能与实际成就的严重脱节→敌意和嫉妒倾向被进一步激发→通过幻想来自我麻痹→对现实生活愈加敏感→焦虑感再次增强。

当然，这样的恶性循环在神经症患者看来又是另一种情境，他们深陷其中，苦苦挣扎，他们也许知道这条摆脱焦虑的道路永远没有尽头，但他们并没有其他道路可以选择。正如我的某位患者所说："所有人都沐浴在阳光之下，我却迷失在黑暗的地下室里，推开每扇写有希望的大门，只发现其中是更深的黑暗。"这种抽象化的语言虽然难以准确描述他们的困境，但蕴藏在背后的正是他们经历的痛苦以及对其他正常群体的羡慕或者嫉妒。要想对神经症患者形成多层次的了解，就必须剥开他们表面上的嫉妒、敌对、自贱以及焦虑，从根源上认识到他们的不幸。当然，对这种置身于美丽世界之外的痛苦以及逃离痛苦的无力感，神经症患者往往有着清晰的认知，他们深知自己无法得到正常人拥有的一切，或者在用尽全力得到后也无法从中感到满足。在彻底的绝望面前，患者在某些情境下表现出的愤怒、嫉妒和敌意也就不难理解，他们就像是被世界抛弃的流浪者，只能用并不尖锐的爪牙对这个美好但不属于自己的世界表达愤怒。

我们不妨把关注重新收回到患者的嫉妒上来，它会随着时间的推移而不断加深，又以此为基础繁衍出更多的绝望。而他们越是绝望，越容易产生如尼采所说的生存嫉妒，也就是对所有不必遭受焦虑困扰者的嫉妒，无论是更加快乐、更加自信、拥有更多的权力地位还是能从中更充分的享受愉悦感。

在这样的绝望感产生后，不管这种情绪在心理层面占据了怎样的位置，其剧烈程度是大是小，为了寻求安全感的患者都会努力将其合理化。不同于精神分析学将这种绝望认定为神经症的必然产物，患者在不依靠医生的情况下往往会产生片面的推断，将其背后的罪魁祸首推断为自己或者他人。由此，两种截然不同的表现也就随之出现了，那些选择归罪他人的患者，会对诸如宿命、亲人、朋友以及医生、教师等外界情境产生强烈的敌对情绪。在通过幻想为自己的观念赋予正当性后，他们便如前文中介绍的那样开始向外界进行索取，认为对方有义务为自己被摧毁的生活负全部责任。而倘若他们把自己视为绝望感的来源，就会觉得自己的痛苦纯属咎由自取。

当然，我在对前一种患者的表现进行说明时，很可能让大家产生了这样的误解，即他们对外界的归罪都是彻底出于幻想，毫无现实依据的。但在许多案例中，这类患者群体确实曾遭遇过他人的恶意侮辱或者欺凌，且主要发生在童年阶段。即便如此，这并不代表着他们对外界的敌意是完全正常的，其病态的原因具体在于如下两个方面：首先，敌意的产生虽然存在心理根源和阴影，但这样的负面情绪终究不利于他们走出痛苦；其次，他们通常在敌意的投射对象上带有盲目性，尤其是对于那些发自内心想要帮助他们的人，很容易被他们当作施舍性质的侮辱，由此错过了获取帮助的机会；而对于那些真正伤害他们的人，他们却完全无法感觉到伤害，或者无法恰当地进行谴责。

第十三章
病态的犯罪感

对于神经症患者来说,他们的行为同样离不开犯罪感的重要影响。这种犯罪感要么以公开的形式彻底展现出来,要么被患者加以伪装,侧面反映在他们的行为模式以及思维惯性中。在本章节中,我将着重对神经症的犯罪感——尤其是犯罪感的外部特征——进行阐述。

正如前文所言,神经症患者往往带有强烈的自卑感,进而将生活的挫败归结为自己不配享有幸福的命运。而为了让这种想法更加有说服力,他们会让其依附于各种违背社会主流道德观念的事物上,例如乱伦、手淫成瘾,乃至诅咒亲人等等。因此,这类患者很容易将生活中的任何事件与犯罪感联系在一起:他人的登门拜访很可能是为了报复自己;长期没有联络的朋友也许是为自己的某次错误举动感到生气;哪怕是由于他人的错误而导致的意外,也会让他们产生强烈的负罪感,于是想方设法地在自己的行为中寻找错误。当然,倘若这类患者与外界就某件事物产生了争执,无论双方的立场孰对孰错,他们都会在第一时间选择赞同他人的观点,认为自己过于鲁莽愚蠢。

在很多情况下,这样的犯罪感会隐藏在患者的潜意识里,并且借助沮丧抑郁等精神状况不佳的外部特征来作为伪装。而对于未能认识到犯罪感的患者来说,他们往往会在客观事实被扭曲夸大后,产生出自责的情绪,以此防止外界发现自己行为的异常。但这种目的同样是神经症患者无法意识到的,就更不必说潜伏在潜意识里的犯罪感了。

从精神分析的角度来看,这种犯罪感虽然隐藏得较为隐秘,却并非无迹可寻,通常隐藏在对遭受他人指责的恐惧,以及对被外界发现异常的恐惧里。在许多心理治疗案例中,这类患者在面对医生的帮助时,总是表现得像坐在庭审席上等待判决的犯人。在将医生的推断当作指控的同时,也让精神分析由于缺乏配合难以正常开展。当这种消极配合背后的恐惧与焦虑被医生指出时,患者不仅没有对此进行审视,反而采取了更加警惕的态度:您说得对,我就是这样的胆小焦虑。而倘若医生将他们的自我孤立推断为害怕遭受他人排斥,患者又会在表示赞同之余,强调这种生活方式让自己感到轻松愉悦。此外,他们通常在追求完美的过程中带有严重的强迫倾向,其实这也是因为他们恐惧外界的反感。

不仅如此,神经症患者往往还会在遭遇到某些挫折或失败时表现出前所未有的愉悦感,就像是自己亲手策划了这些打击。而根据这种表现，我们似乎可以得出如下的推论：在犯罪感的驱使下，患者会期望自己遭到一定程度的挫败作为对自己的惩罚，以此来缓解自己心理层面的焦虑和不安。

根据上文中介绍的种种行为，神经症患者的犯罪感以及由此造成的人格影响仿佛是不争的事实。但当面对这些逻辑链条时，我们不禁要问：这种犯罪感如果能够被患者隐约察觉到，那么它是否会在患者理解并转述的过程中被误读？而倘若这种犯罪感只存在于无意识状态，那么我们又如何确定它是导致种种外部表现的根源，是否还存在着另一种未曾被发现的主导因素？对于这些问题，我们还应该抱着谨慎求证的态度。

神经症患者对待犯罪感的态度其实与他们对待自卑感的态度相差无几，他们并不急切渴望摆脱犯罪感的影响，反而乐于将行为的主导权交由犯罪感，固执地将生活中的一切问题归结于自身，同时拒绝接受外界的开导劝慰。这样看来，犯罪感就和自卑感一样，只是患者表现出的症状或者思维模式，必然还有着某种深层因素让他们选择依赖犯罪感，并以此缓解内在的焦虑。

在这个问题上，正常群体与神经症患者对待犯罪感的不同态度给予了我们重要启示。众所周知，要想深刻认识自己在某件事情中做出的错误行为，并在为之感到懊悔和羞愧的基础上对此进行反思，无疑是件相对痛苦的任务。尤其是对于在自尊方面高度敏感的神经症患者来说，其中的困难更是如此。但在大量的案例观察中，他们反而能够从犯罪感中获得愉悦和满足,这显然是有违常理的。

此外,神经症患者产生的懊悔情绪通常还具有非理性的色彩。他们并未认识到自己的问题所在,而是单纯地被某种潜意识绑架,认为自己既不配享有幸福与快乐,也理应为所有的失败负责。随着这样的非理性情绪日益严重,他们也就陷入了高度扭曲的犯罪感中,进而臆想出根本不存在的错误。

某些情况下,这种自我归罪也并非是犯罪感的表现,他们只是对自身的价值予以否定。而当患者在向外界表达这种情绪时,一旦他人对此深信不疑,并试图对他们的忏悔提出帮助,他们又会产生出强烈的敌对意识,这同样说明了这类行为与真正的犯罪感毫无关联。

弗洛伊德就曾经明确指出其中的问题所在,他在对抑郁症患者的自我谴责行为进行分析时,提出了这样的观点:神经症患者的确在外部表现出了犯罪感倾向,却在此后无法产生应有的羞愧感和谦卑感。简单来说,他们一面承认自己对错误负有责任,一面坚持自己应该得到外界的尊重乃至赞赏,并且不愿接受他人的任何意见。就像有这样一位女性神经症患者,每当她阅读到报纸上刊载的各种犯罪信息后,都会萌生出强烈的犯罪感,甚至认为自己应对每一位家庭成员的死亡负责任。而当这种行为被她的姐姐不加谴责地指出后,她甚至在极度愤怒下陷入了晕厥。当然,这只是其中的极端案例,在多数情况下,患者的病态犯罪感会以不同的形式掩盖起来。在神经症患者看来,他们只是怀有比他人更加谦卑的自我反思态度,而只要他人的批评能对自己起到帮助，他们就会欣然接受。然而，患者在现实中的表现要远比他们想象的病态，哪怕是外界温和善意的忠告，也会让他们变得愤怒不已，产生出强烈的敌对情绪，甚至怀疑他人的真实动机。事实上，神经症患者自以为的反思态度只是用于隐藏犯罪感的伪装，不仅是避免对外界表现出异常状态，更让自己免于遭受焦虑感的困扰。

　　由此看来，我们只有对这种所谓的犯罪感抱着怀疑的态度进行观察，才能发现其中的破绽，虽然与真正的犯罪感高度相似，但其本质仍然是神经症患者基于焦虑构建的自我防御屏障。有趣的是，与之类似的伪装也经常能在正常群体中看到，就像是那些以道德和良心为名忠诚于妻子的丈夫，其实只是害怕不忠带来的实际后果。而这来自我们所处的文化语境，抱有对宗教以及道德的敬畏要比害怕某个错误带来的具体惩罚更容易被信任，也显得较为高尚。相较于正常群体，神经症患者的恐惧不仅包含了客观影响，还有经过主观夸大后的预期后果。因此，他们更加需要利用犯罪感来缓解心理层面的焦虑，以及种种并不存在的后果，它可能是基于具体情境产生出的幻想，如遭遇恶意报复、欺诈、背叛等等，也可能是某种隐约的预感，加剧了患者的恐惧心理。但无论他们恐惧的对象究竟为何物，这种恐惧都有着相同的根源，也就是被外界厌恶、排斥，以及察觉到他们在神经方面与正常群体的不同之处。

　　这样的恐惧几乎是所有神经症患者共同的噩梦，哪怕他们在行为和言语上表现得再为乐观坚毅，或者干脆以彻底隔绝外界的形式展现自己的不屑,但仍然对外界的评判、指责以及反感心怀恐惧。以往,这种恐惧始终被看作犯罪感导致的结果,人们试图以此寻找患者犯罪感存在的蛛丝马迹。但正如我在前文中所说,这样的推断过程是站不住脚的。很多神经症患者通常不愿谈论起自己的某些行为,例如乱伦、手淫癖、对死亡的不同理解等等,对这些想法的避而不谈很容易被看作是犯罪感的表现。即便是患者自身,也会将其归结为自己与众不同的病态人格,因此在谈论时带有强烈的负罪感。事实上,倘若被赋予充分的尊重和多元化表达空间,这种负罪感随即便会烟消云散,患者也不会由于害怕被排斥而压抑自己的表达欲望。由此看来,神经症患者只是比正常群体更加在意外界的看法,并且将他人的喜好错误地当成了自我存在的意义,因此在焦虑感的驱使下形成了类似犯罪感的防御机制。而当他们在开放的空间内释放出了特定领域的犯罪感,此前的自我归罪也就不复存在了。当然,这并不会帮助他们克服心理层面的恐惧感与焦虑感,却足以证明恐惧感与犯罪感的逻辑关系。总而言之,是神经症患者害怕遭到外界厌恶的恐惧感造成了他们的犯罪感,而不是犯罪感导致了他们的恐惧感的产生。

虽然这个观点并不难理解,但由于患者对遭受外界厌恶的恐惧感在本章节的论述中具有重要意义,我们在此需要对其做出更深层次的讨论。

在这种恐惧感的适用范围方面,患者人际关系中的任何对象都可能成为恐惧感投射的目标,无论促发恐惧感的对象是否与他们关系密切，只要是来自外界，都会让患者害怕被反对。而随着焦虑感的愈发严重，对外界的恐惧感也可能逐渐转移到内部层面，也就是对自我厌恶感的强烈恐惧。

神经症患者害怕遭受外界厌恶的心理通常会以各种不同的形式反映出来，既包括对他人的言论、行为以及要求无条件赞同，以及过于严格地遵循各种社会道德约束等能够防止外人不满的行为，也涉及在社会交往中对自我的封闭。倘若他们得到了某位异性的青睐，尤其是当对方试图进一步接触时，神经症患者总是会习惯性地进入自我防御机制。在他们看来，一旦将精神状态上的异常暴露出来，就会失去他人对自己的喜爱。类似的行为也会出现在被他人打探隐私时，即使涉及的问题并不会伤害到他们，也会让他们产生被冒犯的感受，进而在保护机制的作用下产生出敌对意识。

这样的恐惧感同样会对患者的精神分析造成极大的困扰，不管是医生还是患者本人，都难免会在治疗中因此受到干扰。虽然不同患者的个体特征具有差异性，但只要在心理层面带有被外界厌恶的恐惧感，他们便会表现出鲜明的共同点。在理性上希望得到医生帮助的同时，又会在潜意识里将医生的治疗视为对自己的侵犯。而在恐惧感占据上风时，他们就像在法庭上接受审判的犯人，不仅决心隐瞒真实情况，更会用谎言试图把医生引向错误的判断。

我治疗过的某位患者就曾在压抑倾向即将被揭开时，在梦境中展现出了内在的心理矛盾。他在梦境中化身成了住在一座岛上的孩子,这座奇妙的岛屿虽然能为他提供安全的庇护,却禁止让他向外界透露小岛的秘密。而对于那些进入岛屿的入侵者,岛上的居民则会判处他们死刑。但当某位备受孩子尊敬的人物在无意间踏上了岛屿,并且即将面临被处死的命运,两难的境地也就摆在了孩子面前。要么看着自己敬爱的人濒临死亡,要么带着他逃出小岛,但这意味着自己会永远失去岛屿的保护。这样的梦境其实是患者在潜意识里对医生的矛盾态度的反映,他们既希望自己的安全港湾成为永远的秘密,又渴望医生帮助自己摆脱对安全感的依赖。

至此,读者也许会产生这样的疑问:既然这种恐惧感与犯罪感无关,那么患者又为什么会害怕他们的秘密被人发现乃至厌恶呢?

这其中的本质原因其实是神经症患者承受的巨大矛盾感,具体来说,是他们的真实"面孔"[①]和向外界展示的伪装间的矛盾,以及这种伪装背后的焦虑和压抑倾向带来的痛苦。当然,由于他们需要依靠伪装来缓解焦虑的侵袭,患者往往无法意识到伪装的存在,更难以摆脱外界表现与真实自我并不相符的矛盾感。但从精神分析的角度来说,我们必须充分了解,神经症患者渴望隐藏的"秘密"正是他们害怕被外界厌恶的根源。只有这样,我们才能解释为什么在"犯罪感"消失后,患者的恐惧感和焦虑感却仍然存在。事实上,还有更多情况需要

---

① 与荣格所说的"人格面具"(persona)意思相同。

改变。简而言之，恰恰是他们人格中所包含的不真实，导致他们恐惧被人反感，恐惧被人发现内心的秘密。

至于神经症患者想要隐瞒的部分，主要分为如下几个方面的内容。

首先，是对他人抱有的敌对意识，例如操控、占有、嫉妒、侮辱等等，以及对他人的所有隐秘要求。这些带有侵略色彩的欲望已经在前文中得到了充分说明。简单来说，他们既不愿依靠自身努力来换取物质或地位上的成功，也无法在心理层面独自面对生活，要么习惯于操控他人为自己服务，要么表现出极度无助的状态以博得他人的同情。由于这是他们满足自身所需的根本途径，每当外界可能察觉到这些问题时，就会在极大程度上激发出患者的焦虑感，因为他们意识到自己有可能无法获得所需要的支持了。

其次，神经症患者往往不愿将脆弱无助的状态暴露在外界面前，这会对他们的自尊造成严重打击，而越是感到无力，他们就越伪装出刚毅坚强的外表。然而，伪装出的假象终究无法帮助患者对他人实施操控或者占有，于是强烈的落差让他们对自身的软弱颇为愤怒。在他们看来，任何程度的软弱都意味着无法获得支配他人的满足感。无论是在家庭关系中处于弱势，遭遇到某些需要他人帮助的情境，还是对心理上的焦虑感无能为力，都让他们对自己极度厌恶。在这种病态心理的影响下，患者自然会将这些软弱掩藏起来，防止被外界察觉，但他们仍然在心里带有被揭穿软弱的恐惧，由此造成的焦虑感也就越来越严重。

在不断累积的焦虑感下，患者的犯罪感以及自我归罪的倾向便随之产生了。它并不是造成焦虑感和恐惧感的原因，而是用于保护自己免遭焦虑情绪侵袭的防御工具，并且能够在获取安全感的同时，帮助患者将根源上的焦虑感顺利隐藏起来。当然，这种隐藏只是通过夸大和扭曲让其不再具备原有的形态，而不是让患者真正摆脱这些心理问题。

我即将举出的两个案例也许能帮助读者更好地对此加以理解。某位患者在心理治疗中表现出了强烈的犯罪感，认为自己糟糕的精神状态让医生承担了过多的压力，以及对热心体贴的医生缺乏必要的感激之情。他说自己从来都没有对医生不辞劳苦，并且收费低廉的善举表达谢意，这让他从内心深处感到羞愧。而当心理治疗结束时，这位患者却将本应支付的精神分析费用不小心忘在了家里，表现出了潜意识里希望得到医生免费治疗的剥削欲望。而这次看似无意的举动其实只是他表现出的众多支配行为之一，虽然他总是将自责和懊恼挂在嘴上，但这些外在表现并不具有任何实质意义。

另一例患者是位心智成熟而富有智慧的女性，她总是在家庭中对父母大发脾气，并在事后对此感到后悔。鉴于她的父母在生活中做出的种种刻薄举动，以及她逐渐觉醒的独立意识，这种争吵从客观上并非无法理解。虽然这位患者同样知晓其中的合理性，但仍然会产生强烈的负罪感，甚至将自己在感情方面的屡次失败归结为不尊重父母的惩罚。事实上，在与父母发生争吵以及感情关系屡遭不顺之间,不存在任何因果上的联系。而当她将两者强行联系起来,在情感处理方面的客观问题便遭到了掩盖,让她单方面相信是自己不够孝顺导致的报应,这在我们看来显然是解释不通的。根据对这位患者生活的详细观察,我很快便发现了她在两性关系上的问题,例如对男性群体彻底丧失了信任、带有被男性伴侣抛弃和背叛的恐惧等等。

除了为患者提供对抗焦虑的防御之外,病态的犯罪感往往还能利用自我归罪的言语帮助他们产生正面的安全心理。哪怕患者只是在独处时自言自语,他们的自尊心也能够在自我谴责的过程中得到满足,进而起到缓解恐惧的作用。虽然他们的负罪感只是停留在表面,但这还是让患者自以为拥有了高尚的道德水准以及谦卑的处事态度,并从中汲取一定程度的愉悦感。与此同时,这样的自我归罪还能让他们避免接触到关键问题,由此形成了某种逃避作用:只要无须面对最深层的焦虑感和恐惧感,那些无关痛痒的缺点似乎也没有那么可怕。

当然,随时随地对自我进行谴责并非神经症患者防止被人厌恶的唯一手段。要想实现相同的目的,将自己永远放在绝对正确的位置上也是另一种切实可行的途径。这种方式不仅在形式上与自我归罪截然相反,采取的态度也要更加激进:只要始终身处正确的一方,就不会给外界留有攻击的口实。我们都曾在法庭上目睹那些侃侃而谈的律政精英,他们总能将诡辩运用的出神入化,任何对己方不利的证据都能被悄然转化成反击的武器。这种类型的神经症患者也是如此,不管自己的观念是否正确，也不管争论的对象有多么微不足道，他们都始终坚持自己的立场，并利用一切可能为其赋予合理性。从对天气的预测到对某个新闻事件的看法，只要在意见上有所不同，都会被他们看作来自外界的攻击，乃至威胁到自己始终与"真理"同在的形象。那些被焦虑感严重困扰的神经症患者，尽管正在承受巨大的痛苦，但他们仍然在外界面前努力装出无异于正常人的表现。在精神分析学中，我们将类似的表现称之为"虚假适应"，其主要是由患者害怕为他人发现焦虑的恐惧所造成。

第三种被神经症患者用来伪装的手段，是借助愚笨木讷、患有疾病以及脆弱无助等名义来获取他人的帮助。我在德国居住的时候，就曾接收过两位来自法国的女患者，其中之一就是这种类型的鲜明案例。这位女孩的父母怀疑她患有智力发育迟缓的病症，而在与她的初步接触中，我也产生了相同的感受。虽然她对德语有着熟练的掌握能力，为了减少沟通障碍，我还是尽量用简单的语言进行反复询问。但无论怎样努力，她好像仍然无法理解我表达的意思，这一度让治疗进程陷入停滞。幸运的是，随后发生的两件事情让我发现了她的病症所在，其中之一是她的某次梦境：我的诊所被她在梦里幻想成了森严阴冷的监狱以及进行体检的医务室，而后者正是这位女孩极度恐惧的遭遇。另一件对我构成启发的事件是她的某次出游经历：她在通过边境时发现自己忘记了出示所需的护照证件，于是在被发现后伪装成听不懂任何德语，借此逃避边境官员的盘查。在女孩得意洋洋地向我述说她机智的应变能力时，她才恍然醒悟过来，其实她对我用的也是同样的招数。可见，她不仅没有智力发育迟缓的问题，反而在智力上高于常人，只是利用呆板木讷的伪装来逃避父母寄予的期望以及可能受到的惩罚。

在很多情况下，那些看起来游离于正常秩序以外的"顽劣分子"都可能在采取相同的招数，而其中部分神经症患者甚至终生都在扮演这样的角色。他们要么表现得像个长不大的孩子，要么干脆在主观上把自己当成了幼童，拒绝正视自己的认知水平。而当这类患者隐藏在内心层面的敌对意识被医生揭穿时，他们儿童化的表现就更加明显，好像所有的防御机制都已经无法保护他们，只能赤裸无助地向医生寻求庇护。在某些患者的梦境里，他们同样将自己投射到了母亲襁褓中的婴儿身上，既对这个世界无能为力，又能从母爱中寻找到充足的安全感。

如果单纯地表现出脆弱无助已经无法帮助患者逃避焦虑，他们便会选择疾病来摆脱现有的不利处境，毕竟，疾病可能让他们免于面对自己的困境，并且作为某种意义上的防御手段，让本来需要解决的心理问题在疾病面前显得无足轻重，令他们避免意识到自己正在逃避真正的问题。就像某位在职场上无法与领导融洽相处的神经症患者会将其患有的胃肠疾病作为自我保护的手段。总而言之，只要让自己在外界看来陷入无能为力的境地，就可以避免意识到自己的懦弱。

最后一种神经症患者用来防止被外界厌恶的形式，往往发挥着最重要的作用，即营造出被他人胁迫以及利用的心理氛围。作为遭受他人利用的受害者，他们也就可以顺理成章地将自己利用他人的欲望美化为复仇或者还击。在扭曲的臆想下，他们始终认为自己处在弱势地位，对他人的占有欲也不再掩饰，而是成为弱势方对外界帮助的合理需要。病态的竞争欲望同样得到了正当的否定：自己连摆脱他人的操控都尚无法做到，又如何会有击败乃至侮辱他人的念头呢？由于这种将自己幻想为受害者的手段在成效上往往最为显著，既能让神经症患者免除直面焦虑的痛苦，又能通过对他人的指控来换取外界同情，这样的受害者心理也成为他们最常用的手段。

探讨了各种表现形式后，我们不妨回到患者的病态犯罪感上，对其产生的效果进行深入分析。在上文中，我已经阐述了这种自我归罪倾向对缓解恐惧以及寻求安全感的重要作用，而它往往还带有着另一种效果。在将所谓的过错归结于自身并进行谴责后，在神经症患者看来，他们已经充分完成了对人格中错误部分的修正。事实上，真正有效的人格修正不仅是无法用自我谴责代替的，更在实施上带有巨大的难度。在人格逐渐趋于稳固后，就连正常群体都难以做到成功改变，神经症患者面临的挑战就更不必说了。受到人格中基本焦虑的影响，他们既难以从主观上认识到修正人格的必要性，也无法在客观层面清除人格中的焦虑因素。因此，患者在改变人格的问题上，通常会持有消极逃避的心理，哪怕察觉到了改变的必要性，也在心理上拒绝承认这个事实。而当他们突然发现还存在着将犯罪感作为替代品的另一种选择，并且不必承担任何的痛苦，这种看似两全其美的方法也就被患者看成了救命稻草。在我们的日常生活中,类似的逃避心态其实也并不少见。任何一个在某次挫折后决定改过自新的人,都不会放任自己长时间处在自责懊悔的状态,而是会督促自己直面人格中的弱点,在承受痛苦的同时尽力改正不足,以便防止失败重演。然而,在遭受打击后沉浸于负罪感之中的确要比改正错误容易得多。

对人格缺陷的理智化也是这种类型的神经症患者经常用来逃避问题的方式。而采用理智化作为逃避手段的患者会积极投入到对心理学理论的涉猎中,通过在心理学领域进行自我剖析来获取安全感。从表面上看,这种对知识的渴求似乎有利于他们克服人格缺陷,但他们的兴趣只会停留在理论探究阶段。对他们来说,当这种理智化倾向让一切情感认知变得不再重要,书本层面的探索就自然不会让自己认识到改变的必要,也就防止了焦虑感的侵袭。这种态度就像是一面观察自己,一面说:"嘿,这可真有趣!"

此外,病态的犯罪感还会让患者对战胜或侮辱他人的欲望产生出抑制作用。在某种程度上,当患者习惯性地将自我归罪运用在任何情境,对外界的敌对意识便会相应减轻。由于这种抑制倾向对神经症患者具有相当重要的影响,我们不妨在这里进行详细的论述。

在大多数情况下,病态犯罪感导致的抑制倾向需要经历较长的演变时间,甚至可以追溯到患者的童年阶段。假如某位患者在童年时期成长于不幸的家庭环境中,恐惧、戒备以及敌意等情绪就会在他的人格中逐渐萌芽,从而对周围的一切都有着强烈的谴责感。但由于所处环境的限制,他既无法合理释放这些累积的敌意,也没有足够的勇气直面自己对家庭成员的愤怒与谴责。一方面,情绪的宣泄可能意味着遭受肉体上的惩罚;另一方面,在儿童时期相对脆弱的人格会让他害怕失去父母为数不多的关爱。当我们对这些家庭环境因素进行梳理,除了在人格上带有病态特质的父母会对孩子的抗拒心理格外敏感外,当今时代的主流文化也理应背负起一定责任。自古以来,子女需要无条件服从父母权威的家庭观念就在我们的文化语境中不断传承,似乎只要父母扮演起孩子朋友的角色,就会失去子女的尊重与敬畏。虽然这种家庭教育理念的影响力已经在逐渐减退,但仍然对许多家庭关系造成了负面作用,尤其是那些被父母威权教育留下心理创伤的无辜孩童。

无论是家庭还是社会,任何以力量悬殊和地位差距为基础的扭曲关系都会造成批评声音的销声匿迹。在塑造绝对权威的过程中,对反对者的惩罚无疑是最直接的形式,而以道德为手段的思想压制则要更加隐蔽与稳固。这也正是子女在父母的人格特质外受到的另一种压抑,他们在成长过程中被潜移默化地灌输以各种文化观念,进而认为违抗父母是不孝的表现。也许会有孩子鼓起勇气,对父母过分专断的行为表示反对,但他们必然要经受文化影响在内心的拷问。至于那些较为懦弱的孩子,甚至连产生反抗的想法都会让自己产生强烈的负罪感。虽然处在尊崇父母权威的文化下,但孩子终究能够产生独立的判断能力,这便成为更具毁灭性的因素。相较于主流文化和父母的强大影响力,孩子显然会将错误归于自己,而这种归罪显然是不客观的,只是迫于形势的无奈之举。

长此以往,受到压抑的孩子很容易产生出病态的犯罪感,每当他们在生活中遇到观念冲突时,总会习惯性地怀疑自己是否存在着某种错误,或者以影响力的强弱而非对错来进行判断,而自己则永远在心理上处于弱势。我们也许会发现,神经症患者往往在自卑与自责间存在着细微差异,而这种差异似乎并没有恒定的分界。以这样一位女孩为例,倘若父母在家庭关系中更加偏爱她的姐姐,致使她始终未能得到应有的关爱,同样的处境可能激发出两种截然不同的心理:她要么将父母的偏爱归结为自己在样貌、智慧等方面确实不如姐姐优秀;要么认为自己糟糕的表现配不上父母的宠爱。前者与后者的差异主要取决于父母在生活中给予她的心理暗示,但无论如何,自卑感和犯罪感都会导致心理的压抑乃至病态。

当然,类似的童年经历未必会让孩子留下终身的心理创伤。倘若这种压抑的程度较为轻微,或者孩子很快转入了足够安全的成长环境,乃至在成长道路上遇到了某个在身边持续陪伴并鼓励他的人,都足以扭转童年遭遇带来的负面影响。但对于不那么幸运的孩子来说,他们对外界的敌意就很可能内化成为病态犯罪感,并随着时间的推移而日益严重。而原本的敌对情绪却并不会在自我归罪中消退,反而让他们越来越害怕被外界发现自己潜藏的愤怒,并且会假定别人也如自己一般敏感。

在对神经症患者产生病态负罪感的经历来源有所了解后，我们不得不面对新的问题：在成长过程中，究竟是怎样的因素促成了患者由敌对情绪到自我归罪的转变，让他们似乎失去了谴责他人的能力及欲望？

首先，患者严重受损的自尊自信是导致自我归罪的重要原因。在与正常群体指责他人以及面对他人指责时的反应比较中，我们很容易观察到神经症患者的问题所在。在通常情况下，我们在攻击和防御时都能表现出恰当的应对措施，例如伸张自己持有的观点，驳斥对方毫无根据的攻击，对遭受的不公正待遇大声抗议，根据自身意愿决定是否给予他人帮助，等等。针对他人犯下的错误，我们既可以出于善意进行提醒，也可以选择疏远那些执迷不悟的顽固者。而无论是攻击还是防御，我们都能在其中保持着相对理性冷静的态度，从而避免陷入病态的敌对情绪以及犯罪感中。这些让我们有别于神经症患者的种种行为模式可以归纳为两个至关重要的因素，也就是潜意识层面对病态敌意的警惕以及充分的自尊自信。

相反，当自我肯定的能力在某个人身上出现缺失时，面对特殊情境时的无能为力以及随之而来的无助感就会逐渐占据他的意识。事实上，这无关于人们在客观情境中能够做出的反应能力，而是他们抱有的信念本身。在同样的情境下，主动应对和消极逃避的心理反应造就的是两种截然不同的行为，而只要认定了自己的软弱无能，即使在客观上拥有充分克服挑战的能力，也会在自我暗示的影响下显现出懦弱的形象。每一场坚毅和软弱的斗争都会被准确地记录在我们的意识里，就像上足了发条的钟表般精准无误，并且不会受到自我欺骗的影响。神经症患者也是如此，虽然他们随时都在试图逃避自身的脆弱无助，但无论掩藏在怎样坚毅勇敢的伪装下，内心深处的无力感都会被准确地记录下来。在对此感到恼怒的同时，他们也会试图对这份"记录"展开辩驳，而这终究是徒劳无功的。

其次，基本焦虑的影响也是让神经症患者逐渐丧失批评能力的重要因素。这种焦虑的影响通常建立在患者既对外部世界抱有敌意和戒备，又不得不依靠外界爱的给予来获取满足的心理基础之上。对他们来说，一旦任由敌对情绪肆意发泄，就意味着失去了爱的唯一来源，如此沉重的代价他们自然无法接受。患者对人际关系的格外重视不仅是因为对爱的渴望，还来源于他们的自我否定倾向。我们作为正常人，难免会在生活中与家人朋友发生争吵，但偶尔的口角并不会直接造成人际关系破裂的后果。而由于自尊意识的缺乏，神经症患者总是会对自己和他人的关系进行臆想，认为这段关系随时都处在断裂的边缘。在一连串的想象之下，从得罪朋友到感情破裂，最后是无助脆弱的自己再次遭受被抛弃的打击，这场触及基本焦虑的噩梦也就成了患者竭力避免的对象。与此同时，患者往往还会产生某种特殊的"共情"心理：就好像身边的所有人都和自己一样容易受到伤害，他们对指责他人的行为慎之又慎，也希望他人能够充分照顾到自己的敏感情绪。随着基本焦虑带来的压抑倾向逐渐累积，甚至连指责外界的想法都会被他们看作不可忍受的错误。正如在前文中介绍的那样，同时存在于心理层面的压抑与欲望会让神经症患者在两种极端之间挣扎。而在某些情境下，他们积攒的敌意还会突破压抑倾向释放出来，要么借助较为隐晦的形式，要么爆发出激烈的正面冲突。这种内在矛盾的状态对精神分析具有重要的研究价值，因此，我们有必要在此进行讨论。

当神经症患者处在彻底绝望的心理状态下时，由于不再担心失去他人的关爱，强烈的敌对情绪也就得以宣泄。而这样的绝望感往往来自付出与回报之间的巨大反差：不管他们在生活中竭力表现得多么正常，乃至比常人更加善解人意、乐于助人，都无法换来他人的情感回馈。他们就像背负了某种诅咒，以致所有的努力都注定遭受失败，而随着打击次数不断累积，愤怒和绝望终于让他们无法忍受。这种彻底的绝望既可能在某些情境中集中爆发，也可能在长期持续中消耗着患者本就匮乏的希望。在某种程度上，他们甚至可以控制绝望感宣泄的时机或对象，却还是在内心希望他人能注意到自己濒临崩溃的状态，并对他们给予最后的帮助。而当爆发出的敌意对人际关系造成了毁灭性打击，虽然这是以患者自认为没有什么可以失去的处境作为前提，但他们在潜意识里仍然渴望被他人原谅。类似的反应也可能出现在另一种情况下，这主要体现在宣泄愤怒的对象上，只要他们早已失去了从对方身上获取关爱或者利益的期待，再剧烈的冲突也不会对患者造成实际损失。当然，这种行为并不包含神经症患者的脆弱与真诚，只是纯粹由恶主导的情绪宣泄。

对于那些尚未到达绝望临界点的患者来说，被爱的渴望仍然是让他们坚持伪装的主导驱动力。此时，任何试图揭露其本质面貌的行为都会被看作领地的入侵，而由于他们获取爱的核心来源已经遭到了威胁，与"入侵者"发生冲突所带来的损害也就不那么重要了。在来自外界的窥探下，他们俨然成了身处绝境的困兽，为了保护最后的食物不惜付出一切代价。尤其是在接受心理治疗的过程中，逐渐接近他们深层焦虑的医生很容易成为敌对意识宣泄的对象，而精神分析越是深入，患者的反抗程度也就越加激烈。

相较于在绝望面前的毫无顾忌，这种自我防御性质的攻击要更加带有盲目色彩。就像他们往往会对医生的帮助投以愤怒，神经症患者虽然能够意识到攻击行为的错误，却在防御机制即将被瓦解的紧要关头，不得不采用这种方法来谋求自保。当然，在采取攻击的同时，患者还是会对自己的敌意加以包装，让它看起来更为合理，尽量减少不必要的麻烦。但倘若他人真的相信了这种伪装，开始对其进行辩驳或者自我反省，他们反而会感到惊讶与诧异。这恰恰说明了在潜意识里，连患者本人都不会相信这些臆想出来的攻击理由。

假如对神经症缺乏了解，我们可能会惊诧于患者存在的种种自我矛盾，但只要认识到依附于他们人格中的焦虑和恐惧，相应的内在冲突也就不足为奇了。他们往往同时带有谴责他人的欲望和对这种谴责行为的恐惧，正如某位患者总是怀疑家里的女佣有着偷窃行为，即使这样的猜测并没有根据，也会让他在丢失物品时习惯性地联想到女佣身上。与此同时，每当女佣在家务工作上出现失误时，患者反而无法做出符合事实的指责。类似的行为也发生在心理治疗中，让患者做出指控的往往是抽象化的事物，例如医生对自己进行精神虐待，至于医生的抽烟恶习，却被他们选择性地忽视了。换句话说，只有在经过臆想扭曲后，患者才能克服对谴责他人的恐惧，从而帮助自己释放敌对情绪。

在大多数情况下，压抑倾向会让神经症患者体内的敌意无法通过外部冲突悉数释放，他们于是开始寻找新的途径。要想满足他们的欲望，这种途径必须兼具发泄敌意和避免恐惧的双重作用，既可能是采用间接隐晦的表达形式，也可能是将仇恨对象投射到无辜者身上，而我们不妨将后者理解为某位妻子将对丈夫的怒火转而向女佣发泄。如果无法找到其他发泄对象，对命运和社会环境的咒骂也能够起到同样的效果。总而言之，我们把这种由神经症患者在间接或者无意识状态下，借助特定渠道向外部世界发泄痛苦的行为叫作"安全阀门"。对于某些患者来说，他们也会将自己作为痛苦的承担者，借此让谴责他人的行为更具有合理依据。就像是某位女性为丈夫的长期晚归而苦恼，最终选择了让自己患病，既避免了言语上的争执，又让丈夫自觉产生了对晚归的负罪感。

那么，遭受痛苦的行为和提出谴责的意愿之间又有着怎样的联系呢？这个问题的答案需要由患者抑制倾向的程度来决定。在生活中最常见的是抑制程度较为轻微的情况，肉体或精神上的痛苦可以被患者直接表达出来：如果不是因为你，我才不会遭受这样的痛苦。我们由此也就引出了承受痛苦对克服恐惧的第三种作用，它能为谴责行为赋予充分的合理性。在让敌对情绪得到释放之余，承受痛苦的行为还能使患者表现出需要帮助的状态，进而满足他们对爱的索取。尤其是谴责针对的对象，往往会因为自责给予患者更多的补偿。随着抑制倾向的程度逐渐加剧，患者对痛苦的表达也就越来越少，乃至无法认识到自己正在受苦的事实。综上所述，患者承受并显露痛苦的行为是随着抑制倾向的程度而变化的。

让神经症患者备受困惑的不仅是抑制倾向和谴责意愿的联系，还有谴责他人与谴责自我的选择问题。在两种态度间的游移不定让他们无法根据客观事实做出判断，究竟是他人还是自己应该为某次错误负责，成了患者最难以分辨的问题。而在潜意识的判断中，往日里向外界无故宣泄的敌意令他们开始怀疑自己的理性，也就更加难以坚定自己的观点。

虽然我已经在前文中提到过，神经症患者的类似表现绝非普遍理解中的犯罪感，但这种误解不禁让我开始思考：究竟是什么原因导致了这种误解的流行呢？答案也许隐藏在我们所处的文化里。鉴于文化因素对犯罪感认知的影响涉及了历史、哲学及社会学等诸多学派，为了将讨论范围尽可能限定在精神分析领域，我在本书中只对基督教义里的犯罪感思想加以介绍。

受到宗教思维的影响，我们很容易在分析神经症患者的犯罪感时走入错误的思考路径。最具有分析价值的其实并非形成犯罪感的根源，而是从患者的角度思考这种犯罪感能为他们带来的正面效果。而这些效果已经在前文中得到了充分论述，即在满足谴责欲望的同时，避免承受由于谴责他人带来的恐惧感和焦虑感。

在弗洛伊德看来，神经症患者的恐惧感是形成犯罪感的根本原因，具体是在恐惧感形成"超我"意识后，由"超我"相继催生出了自我道德标准以及犯罪感。在两者最终形成后，犯罪感就承担起了满足患者道德要求的角色。这种将犯罪感归结为最终驱动力的精神分析理论也是弗洛伊德时代的主流学术观点。而随着研究的不断深入，这种学说也出现了一定漏洞：即便患者的犯罪感是受到社会道德标准的影响，但我们仍然无法排除神经症患者独有的恐惧感在其中起到的作用。事实上，许多患者都在精神分析中显露出了对谴责他人的恐惧倾向，进而将谴责对象转移到了自己身上。倘若对弗洛伊德的观念进行批判质疑，那么就产生了新的理论：个人道德标准并不是神经症患者无意识犯罪感的产生根源，这种病态犯罪感来自他们的恐惧感与焦虑感。在这里,我把这个问题的三种不同理论进行简要的概括:首先是"消极治疗反应",指患者在犯罪感的影响下拒绝配合治疗,宁愿继续处于患病状态;其次是"超我意识理论",即通过犯罪感执行患者的道德要求;最后则是"道德受虐倾向",指借助承受痛苦的形式对自我施与惩罚。

第十四章
病态受苦的意义

正如在上个章节中所言，受到由内在冲突导致的剧烈痛苦，神经症患者往往需要遭受双重折磨。他们既无法从痛苦中摆脱，又难以通过有效方式向外界发出求救信号。因此，痛苦也就成为患者所能利用的最后武器，被赋予了额外意义。虽然类似的行为同样存在于正常群体之间，其中包含的行为逻辑也并不难理解，但对于神经症患者来说，他们表现出的受苦倾向似乎还有着更大的问题。从某种程度上来说，他们已经将承受痛苦当作了避免焦虑的根本途径，并且随时准备寻求痛苦的帮助，甚至不惜付出任何代价。而这所有的行为都出于某种内在动力，也就是以消极退缩的态度应对一切焦虑现象，进而促使自己承受更大的痛苦。

这样的受苦倾向确实有悖于我们对人性的普遍认知，也对心理学及精神分析学的理论研究造成了巨大的困扰。在面对这个问题时,受虐倾向很容易成为我们率先考虑的对象。所谓受虐倾向,本意是指部分群体需要借助被鞭打、强暴、奴化及凌辱等途径来遭受精神与肉体上的痛苦,最终将承受的痛苦转化为性快感。根据弗洛伊德的观点,这类由痛苦带来的性满足在本质上仍然属于"道德型受虐"的类别,而性因素在受虐中扮演的角色并不会对其性质造成改变。这样的理论也在对性虐待案例的观察中得到了证据支持:无论通过怎样的虐待手段,受虐者的根本目的在于得到正面的心理反馈,并能够从中获取愉悦。通俗来说,此类神经症患者从主观上是渴望遭受痛苦的。但与此同时,性虐待与道德型受虐还存在着较大差别,让我们不得不怀疑两者的相似性。尤其是在主观意识层面,道德型受虐者往往无法意识到自身的受虐倾向,更不必说了解从中获得的精神满足,这与性虐待的自发属性有着本质区别。

即便是在性虐待中,痛苦的作用也更多地体现在激发性满足的过程中,可以说是服务于性的工具,而非行为的驱动力。这同样对我们分析道德型受虐的目标增添了较大困难:患者的病态受苦倾向究竟来源于何物呢?

在精神分析学界的众多理论中,弗洛伊德的观点无疑是最具有认可性的,他将死亡本能的假设引入了受虐心理分析中。在他看来,我们对生命与死亡的本能构成了一切行为心理的基础,这两种生物性因素随时处在相互交织、相互影响的状态下。而所谓受虐倾向,则是在死亡本能和力比多发生融合后共同形成的产物，它以自我毁灭为导向，并能在作用过程中为受虐者带来满足感。

在此，我想提出一个有趣的问题：抛开生物范畴的设想，我们能否纯粹依据心理学对受虐倾向做出解释？

在探索问题的答案之前，痛苦和受苦倾向的本质差异是我们需要厘清的关键问题。一旦对两者关系形成混淆，就很容易得出错误的推论，就像朵亦奇将分娩时产生的疼痛作为女性天生带有受虐倾向的佐证依据，这显然是极其荒谬的。在逻辑层面，痛苦的客观存在无法对渴望遭受痛苦的主观意愿构成因果关系，而根据少数案例形成的不严谨推断同样也是精神分析的大忌。要知道，绝大多数神经症患者在承受痛苦方面并不具有选择的余地，尤其是在强烈的焦虑影响下，他们与那些生理上的外伤患者没有丝毫区别。简单来说，倘若某人不幸在事故中腿部受伤，那么他当然无法决定疼痛到来的时间与剧烈程度。神经症患者也是如此，他们的主观意愿对焦虑和痛苦不构成任何影响，不管愿意与否，他们都注定是痛苦的受害者。从内在冲突导致的焦虑，到自我贬低的人格倾向，乃至个人潜力在神经症影响下无法充分发挥，各不相同的痛苦往往都具有同样的特点。但在外界看来，这些无非是神经症患者的病态受苦欲望在作祟，却因此忽略了受苦本身对神经症患者的意义。

在明确了痛苦和受苦倾向的差异后，我们需要将讨论的重点转移到患者的受苦倾向上来，以及在背后造成这种病态倾向的根源因素。从表面上看,他们对承受痛苦的渴望通常是脱离现实存在,乃至毫无理由的。哪怕是处在成功和上升阶段,神经症患者仍然希望将眼前的环境扭转成糟糕的面貌,以便营造出遭受苦难的契机。但对于精神分析来说,要想解释造成这种印象的行为,就必须考虑病态痛苦对神经症患者的功能与作用。

我已经在前文中提到过,苦难之于神经症患者就像是面对焦虑时构建的保护机制,它能够帮助患者暂时忽略焦虑的侵袭。当他们开始自我归罪,便不会将敌对情绪向外界发泄;当他们主动放弃自我肯定的能力,便摆脱了病态的竞争欲望;而当他们借助疾病或者愚笨的伪装,也就顺理成章地逃过了他人的指摘。同样的行为逻辑也适用于患者让自己承受的痛苦,而这都是出于自我保护的意识。

隐藏在受苦背后的驱动力并非总是消极逃避,还可能是患者某些强烈的欲望。这些欲望由于无法得到充分满足,便只能将承受痛苦作为工具,为自身赋予合理性。事实上,带有某种欲望的神经症患者往往面临着无法解脱的困境:在一方面,日益严重的焦虑不仅让他们的欲望脱离了现实基础,更让其形成了强迫色彩,不断驱使患者努力实现;另一方面,他们又困扰于自我肯定能力的缺失,无法从正常渠道来尽可能地满足欲望,甚至陷入了绝望状态。如此的矛盾冲突让患者只能将欲望的满足寄托在他人身上,也就给外界留下了富有依赖性和攻击性的不良印象。从某种程度上，患者既能意识到这种依赖造成的负面影响，也不相信外界会给予自己必要的帮助，因此更加希望在行为上操控他人。由此看来，他们借助痛苦来博取同情的行为动机仍然是为了满足欲望，只是将无能为力的状态当作了新的伪装，并且借此将别人可能对他们提出的要求拒之门外。

此外，通过受苦来谴责他人也是同样的性质，就像前文中提到的患者会因他人指责而突然生病，让对方产生了内疚感。

当我们对病态受苦的作用以及驱动力有了基本了解，患者的行为倾向也就不再难以理解了，但这还远远不足以解答全部的问题。如果说承受痛苦是为了满足自身欲望，那么这种基于策略出发的行为必然具有理性的色彩，而这与神经症患者的行为是不相吻合的。他们要么将痛苦无限延伸到一切失败经历，要么彻底否定自己的存在价值。虽然这些可能是出于欺骗他人的考量，他们却似乎很愿意沉溺其中。甚至即便我们知道这些情绪并不真实，并且怀疑其真正的行为动机，也依然会为这样的事实感到震惊：他们的内心冲突所导致的失望，居然能够将他们置于如此万劫不复的境地，以致与实际情况对他们的意义极不相符。他们会在获得些许成功时垂头丧气，俨然是此生最惨痛的挫折；会因为某些场合的不够自信，彻底否定自己的自尊心，从而变得一蹶不振。在接受精神分析时，当需要和医生共同面对某个关键问题时，他们总是重新陷入此前的黑暗状态，让一切治疗进展化为乌有。总而言之，我们需要重视患者的受苦行为和受苦目的在程度上的差异，并及时调整精神分析的思路。

一旦承受的痛苦超过了策略需要，从客观上说就失去了存在意义。由于在外界看来是无法理解的，这种痛苦也就不能博取相应的帮助，更无法起到操控他人行为，乃至满足欲望的本质作用。但站在神经症患者的角度，过度承受痛苦还有另一种作用。作为拥有独立人格的个体，我们通常会对事业受挫、感情破裂以及直面自身弱点等情境感到懊恼和痛苦。而只要剥夺自我的存在价值，这些在常人看来的耻辱和失败便彻底失去了意义，不再能对患者造成打击。只要夸大自己的痛苦，把自己贬低得一文不值，失败的懊恼便失去了现实意义。简单来说，当患者在主观上彻底处于绝望和痛苦状态，他们就像服用鸦片的瘾君子，不会为现实中的失败感到痛苦。我们或许可以运用辩证的哲学观念加以解释，即事物在发生质变后，此前阶段量的积累便无法再对其构成影响。

一部丹麦小说中讲述的故事恰巧诠释了这个概念。故事的主角是一位丧偶作家，他的妻子在两年前被人残忍奸杀，这段痛苦经历始终让其备受折磨。于是，作家开始疯狂地埋头写作，试图逃避妻子去世的强烈悲痛。但在写完了整本书后，他还是别无选择地站在了妻子墓地前，正视自己的悲伤。而似乎是痛苦太过强烈，以致让作家产生了严重的幻觉，看到妻子的尸骨正在被虫蚁啃噬，逐渐化为腐烂的泥土。回到家中，他开始陷入自责：倘若事发的夜晚能陪同妻子一起去访友，倘若在妻子回家的道路上提前等候，倘若能劝说妻子在友人家中过夜，也许所有的悲剧就能够避免。反复的自责与回忆让作家长期沉浸在悲痛中，乃至陷入了昏厥。直到他在苏醒后成功向杀妻凶手复仇，才最终从痛苦中摆脱出来，开始重新面对今后的人生。这个故事中，亡妻的坟墓在无形间起到了强化男主人公痛苦的作用。这就像许多文化中用来祭奠逝者的习俗，虽然在短期内让生者沉浸于亲人离去的痛苦，却能帮助他们在日后尽早地直面伤痛。

基于受苦倾向对患者起到的麻醉效果，我们得以摆脱了将受苦局限于性虐待领域的片面观念，也对这种倾向有了更深层次的理解。然而，新的问题也随之出现了：神经症患者究竟是怎样通过承受苦难，来满足自身欲望的？

想要寻找到问题的答案，我们需要暂时抛弃受苦倾向的外部形态，转而对它们的共同特征进行分析。在这时，患者心理层面的软弱感就成了最普遍的共同因素。我们都曾看过脆弱的苇草在风中无力摇摆，而神经症患者就处在这样的状态，在行为上无条件顺从，并在心态上则将其归结为命运的驱使。无论是自我、他人还是整个社会，他们都表现出虚无主义的特质，就好像自己的生活没有任何意义。当然，过度顺从只是其众多外部形态之一，患者还可能出现侵犯、侮辱他人以及警戒意识过强等截然相反的表现。在某些情况下，对外界的依赖感同样是软弱心理的体现：对爱产生依赖的患者往往怀有渴望被爱的病态欲望；依赖他人的群体则害怕遭受外界反对，宁愿放弃自己的主张来换取安全感。总体来说，种种对自由意志的逃避都来自害怕承担相应责任，将个体行为看作外界道德标准的必然产物，进而让自己处在被动的无力状态。日常生活中，这类神经症患者就如同被人操控的提线木偶，一旦得不到外界发出的指令，就会变得手足无措。他们也许会隐约产生灾难将至的预感，却拒绝对此做出任何改变，比起付出个人努力，期待他人拯救永远要更加轻松。由于这种消极逃避向外界留下的印象是如此恶劣，我们很容易对患者产生鄙视心理，但事实上，他们的生命活力与正常人别无二致，只是受到了神经症的影响。此外，在对患者的软弱感进行分析时，将基本焦虑视作其行为根源也是有待商榷的理论。我从未否认焦虑在受苦倾向中产生的影响，但倘若单纯是出于焦虑，患者理应陷入对权力、财富及名望等因素的病态渴望，试图将此作为抵抗焦虑的防御屏障。

在我看来，神经症患者表现出的软弱感不仅脱离了客观实际，就连这种软弱感是否真的存在，都需要打上大大的问号，而答案很可能是否定的。所谓的软弱表现，其实只是患者的软弱倾向，并非真正的软弱。根据大量的案例观察，神经症患者会在潜意识层面利用一切机会夸大自身的无能与软弱，并在自我麻痹的基础上，向外界展示这样的状态。我治疗过的某位患者就曾是如此，他总是在遭遇工作不顺时，幻想自己感染了肺结核。当然，这种幻想的意义并不在于疾病本身，而是能够让他惬意地躺在病床上，既不需要面对工作压力，又能接受朋友亲人的照顾。在对待外界的态度方面，虽然也可能会出现无条件抗拒的极端心理，但无条件屈服仍然是患者的普遍选择。受到软弱倾向的影响，他们往往会过度否定自我价值，尤其是在面临挑战的情境下，自认为无能为力的患者也就会倾向于服从他人意见。实际上，他们的判断能力并不逊色于正常群体，甚至能对可能招致的批评进行预判，并以此为依据进行自我谴责，减少由他人批评带来的伤害。

在大多数情况下，神经症患者的软弱倾向会对外界造成矛盾的印象：一方面，获取满足感是这种软弱倾向的核心目的，这似乎与受苦的行为相互冲突；另一方面，被放大的痛苦又与他们的基本焦虑紧密相连，会在获取满足感的过程中起到阻碍作用。虽然看起来着实有些匪夷所思，但神经症患者的确能够从中汲取所需的满足。就像是某位患者经过长途跋涉去探望朋友，却发现许多好友都外出，只留下自己在站台上苦苦等候。由此产生的沮丧情绪很快让她联想起了此前经历的各种挫折，进而陷入彻底绝望的状态。哪怕她已经意识到，这种痛苦在程度上远远超过了访友失败的范畴，却只能任由自己处在绝望的心理状态。而在此时，现实中被晾在车站的痛苦早已被抛得无影无踪，从而让她产生了满足感。

从本质上说，这种满足感和遭受侵犯、侮辱、打骂乃至强迫性行为产生的愉悦感属于相同类型。虽然性领域的受苦倾向要更容易分辨，却并不意味着它在日常生活领域会发生性质上的改变。

尼采曾经为这种通过受苦来得到满足的软弱倾向赋予了"酒神"称谓，它与渴望积极掌控人生、塑造优秀自我的"日神"截然相反，并共同构成了两种基本人格追求。而"酒神"从受苦到满足的过程，实际上是自愿被更加强势而庞大的情绪所裹挟，让基于自我的痛苦、矛盾、脆弱及孤独等心理在其中逐渐消融。如果这样的表述仍然有些含混抽象，我们不妨将"酒神"心理理解为节日时的狂欢人群，尤其是当我们作为个体置身于群体中，并且被某种情绪包围时。这也正是露丝·本尼迪克特对"酒神"心理的解读，将其延伸到了我们所处的社会文化及日常生活中。而这种倾向的覆盖范围之广、外在形式之多，也让我们从精神分析的角度得出了更多的思考与启发。

早在古希腊时期，就存在叫作"酒神"的崇拜仪式，这也正是"酒神精神"的来源。它与产生时期更为古老的色雷西安斯崇拜仪式一样，都是借助各种刺激手段，帮助仪式参与者进入幻觉世界，最终获得精神愉悦感。从和谐的音律、欢快的节奏，到昼夜不停的疯狂舞蹈，大量摄入的酒精点燃了参与者的兴奋感，让他们在肆意交欢中到达彻底忘我的境界。"销魂"这个词汇可以说完美诠释了这种精神状态，也就是在放纵和狂欢中完全抛弃了自我意识。不仅仅是古希腊，类似"酒神"的文化几乎存在于所有文明，不管是宗教和节日包装下的集体狂欢，还是个体对毒品的沉溺，忘我境界永远是最具诱惑力的存在。除了欢乐以外，承受痛苦往往也能起到同样的目的。对于印第安部落来说，要想在幻觉中获得超脱，必须要借助忍饥挨饿、割肉流血以及捆绑等方式才能实现。在他们的太阳舞仪式中，所有参与者都在肉体剧烈疼痛中获取灵魂的最高愉悦。即便是文明程度相对较高的欧洲，利用鞭笞产生愉悦感的习惯也一度在中世纪鞭笞教徒中盛行。同样的例子也出现在新墨西哥赎罪教徒上，他们则在鞭打的基础上加入了负重、刺伤等额外疼痛方式。

由于各种历史原因，"酒神精神"并未能在如今形成鲜明的文化习俗，许多读者也可能对这个称谓较为陌生。但在日常生活中，我们却无法避免它带来的影响，例如在经历了剧烈运动或者精神大幅度波动后进入梦乡，或者在某场手术中处于暂时麻醉状态，都会体验到抛弃自我意识带来的愉悦感。当然，最为常见的方式莫过于借助酒精的力量，既能暂时解除潜意识下的各种压抑倾向，又能暂时忘却累积的焦虑感。而无论我们选择怎样的方式，根本目的仍然是寻找所谓"销魂"境界，即对自我意识的剥离。除此以外，我们甚至可以无须借助群体、酒精及精神药物等典型的外在途径，仅仅通过爱、音乐、自然和对某项事业的追求来达到同样的状态。这也是许多人通常难以认识到的。那么，我们又应该如何证明这种"酒神精神"的普遍存在呢？

要知道，快乐和痛苦是我们在生命中无法避免的两种存在，哪怕是在事业和生活上从未遭受打击的幸运者，也难以逃脱最终的死亡结局。用更加悲观的话说，所有人的生命都是孤独且极其短暂脆弱的。就如同世界上没有两片完全相同的树叶，我们一面享受着个体带来的独特性，一面又不得不接受永恒的孤独。而受到生命长度的限制，我们也许穷尽一生都只能拥有微不足道的成就，不管我们是否引以为傲，它们终将在时间面前化作尘埃。因此，所有个体和文明中的"酒神精神"都是这种悲剧色彩的产物，它帮助我们在短暂的欢愉中忘却孤独与死亡的宿命。《奥义书》中就有过这样的表达，"将湮灭汇入虚无，我们像粒子融入宇宙的永恒。"各种文化中对河流汇聚于海洋的歌颂也体现了这种观念，当个体注定存在着脆弱和局限性，唯有将自我消融于某些更为庞大的事物，才能消解"生而为人"的痛苦。类似的哲学观也被许多宗教纳入了教义之中，原本抽象的"酒神精神"被化作了具象的神祇，为人们提供了精神上的融入，也就是所谓"与主同在"的概念。我们在自己深感热爱的事业中也会体验到这种愉悦感，尤其是当所有精力都集中在对事业的探索上时。

然而，我们的文化在对待"酒神"倾向上似乎不那么友好，具体表现为对自由意志和个体独立性的高度重视。我们早已被灌输了这样的观念：与生俱来的独特性是人类值得骄傲的根本，我们不仅有别于他人，更是独立于社会的个体存在。正如歌德所言，"发展个性是人类最大的幸福。"因此，这种对个体性的强调俨然成了默认的文化氛围，我们坚信个体独立的伟大，试图寻找自身的独特潜能，并通过不懈奋斗来获取物质、社会认可以及自我实现等方面的成功。

这样的文化观念固然不存在问题，也确实在社会中发挥了积极作用，但倘若将其当作唯一的真理，又未免过于片面了。"日神"和"酒神"都是值得被尊重及认可的生命态度，我们既可以积极地改变命运，也可以通过剥离自我意识来换取精神愉悦。在对待生命的终极命题时，两种态度之间并没有任何的高下之别。或者说，根本不存在正确的答案。

而对于神经症患者来说，他们则要更加青睐"酒神精神"，普遍表现出自我毁灭的倾向。在幻想中，患者要么是无家可归的孤儿，要么是在黑暗和浪潮中飘向死亡的绝望者，或者是长期漂泊流浪的自我放逐。在具体生活方面，他们对现实往往有着强烈的抽离欲望，渴望在催眠、梦境乃至神秘主义中寻找抛弃自我意识的快感。患者的受虐幻想也体现出了同样的特质，无论呈现怎样的形式，他们都希望从被剥夺自我掌控感的过程中获取愉悦。当所有思想和行为都彻底沦为他人的支配品，神经症患者的自我毁灭欲望也就达到了顶点。当然，不同类型的群体也有着各自青睐的方式，这具体取决于每种受苦途径蕴含的内在价值。就像是那些喜欢被他人奴役的患者，他们能从被奴役的过程中收获诸多方面的意义：首先，这种被奴役的过程能帮助患者压抑内心的侵略欲望，防止其对外界做出破坏性行为；其次，由于主导权被转交到他人手中，他们能够顺理成章地通过谴责他人发泄敌对情绪；最后，这样的受虐形式也是对患者自我毁灭欲望的正向满足，让他们从中产生精神愉悦感。

不管顺从乃至受虐的对象是具体的人物还是抽象的命运，也不管承受痛苦的程度如何，一旦放弃自我意识的倾向在神经症患者的意识中占据了主导地位，他们就从行为的自主控制者变成了缺乏个人意志的客体。

因此，我们在分析患者的病态受苦欲望时，需要以他们放弃自我的倾向作为理解基础，才能够做出符合逻辑的判断。与此同时，在对患者受虐行为的看法上，我们很容易忽略这样一个事实：虽然表面上难以理解，这种行为却能够帮助患者对抗焦虑的侵扰，并获取部分满足感。当然，受虐带来的满足感也存在一定局限性，它只能够在性虐待和性幻想中被患者实际获得，除此以外的类型很难从现实中汲取真正的满足。威廉·赖希在《精神关联与植物循环》和《性格分析》中，也曾试图解决受虐问题。他同样认为受虐倾向并不违背快乐原则，但他认为它们的基础依然是性。于是我们不禁要问，神经症患者为何无法从受虐倾向中彻底获得满足，并以此克服基本焦虑的影响呢？

要弄清楚这个问题，我们需要回到患者的人格层面，也就是所谓"日神"与"酒神"的关系。正如前文所言，这两种倾向都是正常的人格取向，但对于神经症患者来说，对独立人格的抛弃与否成为永远无法调和的内在矛盾。一方面他们渴望屈服于他人意志，在受支配的过程中获得快感；另一方面又无法抛弃固有的征服欲望，认为自己理应成为世界的中心。他们有时希望感染上某种疾病，来依靠外界的帮助汲取安全感；有时又在病床上感到沮丧，认为自己失去了对他人行为的掌控。此外，患者的自我认知也存在着严重扭曲，以致在极度自负和极度自卑间摇摆不定。由此看来，他们就像是被两股极端力量用力撕扯，难以实现真正的平衡，更不必说形成稳定的人格倾向。

这种内在冲突也在无形中为神经症患者赋予了更大的痛苦，急切渴望摆脱的他们也就更加疯狂地渴望抛弃自我意识。相较于正常群体，患者在死亡、孤独和生命意义等普世痛苦外，还需要承受基本焦虑及两种对立倾向带来的影响。同样，他们对权力、财富和地位等因素的欲望也超出了正常群体的理解范畴，更是脱离了满足欲望的实际可能。简单来说，他们既希望拥有绝对的权力，又希望变成一无是处的失败者。这并非是理论层面的夸张，许多患者在日常生活中就表现出了这种特点：他们总是对外界展露出脆弱无助的形象，并希望以此成为他人关注的中心。这两种极端倾向的交织很容易让心理学家形成误判，将患者渴望帮助的示弱理解成依附或者受虐心理。然而，真正带有受虐倾向的患者从来都不会将所有精力专注于某件事物上，哪怕是对他人的屈服。无论是事业、感情，还是对他人的操控或顺从，都只是这类神经症患者用来激发痛苦的媒介。从本质上说，这些事物就如同用来进入"销魂"状态的酒精、药物或者性行为，一旦他们沉浸于事物本身，便无法彻底脱离自我意识。我们不妨换一种角度理解，这类患者专注的对象其实是对自我的抛弃，所有的外在事物都需要为这个终极目标而服务。当然，这种专注并非来自独立人格的引导，因此也就带有软弱性和逃避性的色彩。

另一个让神经症患者无法获得满足的原因在于他们的破坏冲动，在这种破坏欲的影响下，他们已经脱离了"酒神精神"的本质，自然就难以获得其中的乐趣。尽管同样是渴望到达忘却自我的境界，但"酒神精神"仍然是基于正常群体对欢乐、愉悦等正面情绪的渴望与判断。相比之下，神经症患者的目标就要扭曲许多，他们对所谓的"向死而生"毫无兴趣，只是单纯地希望走向自我毁灭的道路。如果说酒神文化是借助暂时的自我麻醉来摆脱痛苦，那么受到神经症影响的患者则是渴望以毁灭的方式彻底终结痛苦，这两者的性质是截然不同的。当然，患者人格中仍然存在正常部分，尚在运转的理性思维会对自我毁灭的倾向产生强烈恐惧，这反而拯救了患者的命运。客观来说，患者期望毁灭的欲望只在人格中占有较少部分，但由于这种欲望过于强烈，往往对整体人格造成了绑架。对此毫无所知的患者只能感受到两种力量的相互冲击，让他们既渴望自我毁灭，又对此怀有恐惧情绪。也正是在两者的碰撞下，患者在逐步抛弃自我意识的道路上，会不断受到人格中正常部分的警告，以致无法在受虐行为中获取充分的满足感。

除了病态的人格特质之外，我们的文化语境也对神经症患者的毁灭意识构成了阻碍，并且加剧了他们的焦虑感。在近代西方文明中，不仅是病态的自毁倾向，哪怕是正常的"酒神精神"，也正在不断地丧失文化地位，甚至成为主流观念下的极少数存在。而宗教虽然保留了自身地位，却在内涵上遭到了某种改良，开始服务于社会主流价值以及信徒的世俗生活。我们早已在潜意识里将独立自主、不懈奋斗，以及实现自我价值提升等观念当作了应然之事，并且对有违这种信条的"异类"加以干涉指责。

在这个独立意识占据主导地位的文化环境中，神经症患者承受的恐惧和压力也就可想而知了。就连暂时的放纵都会被社会当作不负责任的表现，更不必说他们的自我毁灭倾向。因此，程度较为轻微，并且易于被接受的性虐待和性幻想也就成为他们的避风港湾。这种在性领域的受虐行为同时肩负了多种作用：既能够在短时间内进入抛弃自我意识的状态，又无须遭受外界的敌视以及人格中正常部分的警告。更加诱人的是，由于主要集中在性行为或者幻想中，这种释放渠道能够帮助患者逐渐恢复他们的正常生活。我们经常会发现这样一些性虐待群体，他们在平日里的表现完全符合社会观念的期望，在事业上刻苦上进，人际关系中礼貌热情，甚至还会热衷于慈善事业。但在涉及性领域时，总会表现出各种受虐倾向，要么打扮成女性的模样，希望在性爱中扮演被动角色，要么在性虐待的肉体痛苦中寻求愉悦感。当然，这个帮助神经症患者释放受苦欲望的渠道也并不总是有效，尤其是当他们正常人格中对毁灭的恐惧占据主导地位时，会在潜意识里迫使他们放弃这种爱好。在这时，由于他们的自我毁灭倾向已经集中到了性虐待上，这种强烈的恐惧会将有关性领域的欲望和幻想彻底"屏蔽"，让患者对此失去了兴趣。这便造成了许多神经症案例中的性冷淡、性禁忌，乃至对异性群体的强烈排斥心理。

在这个方面，弗洛伊德提出过一套截然不同的观念，他并不认为神经症患者的受虐倾向是来自焦虑和自我毁灭欲的影响，而是单纯的性心理。在他看来，人们在性观念不断成熟的过程中，会经历一个叫作"肛门欲"的阶段。这个由生物性主导的阶段是造成受虐倾向的根源。随着研究不断深入，弗洛伊德的观点也产生了变化。他将受虐心理归结为某种女性特有的性气质，而那些热衷受虐的男性群体，则是在心理层面带有成为女性的隐秘欲望。当然，他最终的理论仍然回归了精神分析领域，认为受虐倾向是由神经症患者的自我毁灭欲以及性驱动力共同影响的产物。对于患者来说，这样的释放途径具有为自毁倾向赋予合理性的正面作用。

然而，我的观点则是这样的：受虐倾向并非来自性欲望或者所谓性驱动力的影响，而是纯粹由患者的人格冲突所导致的。就神经症患者而言，他们对痛苦的认知和正常群体并不存在任何差别，而只是将承受痛苦当作了抛弃自我意识的手段。总而言之，受苦对于神经症患者更多的是代价而非目标，彻底的个人意识泯灭才是他们最深层次的欲望。

第十五章
文化与神经症

在精神分析的过程中,即便是经验丰富的医生也难以保证治疗的一帆风顺。任何一位患者都可能触发前所未有的问题,又会由他们独特的个人经历形成不同的外部表现,或者在基本焦虑的基础上滋生出新的症状,这些都会加重医生实际面临的困难。正如我在前文中所介绍的那样,神经症的复杂性不仅来源于先天遗传因素,也会在个体的后天经历——尤其是患者在童年阶段遭遇的经历——中进行演化。而正是在这些因素相互交织、相互影响的关系中,神经症患者通常会表现得难以琢磨,甚至很容易对医生造成干扰以及误导。

虽然神经症具有差异性和多样性的特点,但我们对此也并非无能为力。要知道,从根源上导致神经症的决定因素往往是相同的,也就是患者的内在冲突。而他们的内在冲突其实不难理解,或者说与正常群体间并不存在本质上的差异,我们在日常生活中面临的困扰同样是患者焦虑的来源,只不过在程度上更加严重。读到这里,也许有读者会对自己是否具有神经症倾向产生怀疑:既然没有所谓的分界,我们又怎么判断神经症的存在呢?问题的答案仍然在于内在冲突的程度上。如果这种冲突已经对正常生活造成了严重影响,而这种影响无法被成功消除,那么精神分析的介入也就成了必要手段了。

当我们发现,在我们的文化中,神经症患者都有相同的内在冲突,而正常人也在较小程度上面临着这些内在冲突,于是,我们需要再次提出这个问题:我们的文化为神经症提供了什么条件,使得人们面对的是这样的冲突,而非其他冲突?

弗洛伊德就曾认识到了这个问题,并试图寻找答案。遗憾的是,对生物学的过度偏重让他走上了错误的道路,用生物性因素(力比多理论)将社会文化和心理因素武断地概括起来。精神分析学界在很长时间里都将他的理论奉为圭臬:从人类的死亡本能是一切战争的罪魁祸首,到肛门欲创造现行经济体制,甚至还将工业时代归结为自恋心理得到剔除后的成果。

弗洛伊德并不认为文化因素是脱胎于时代和社会发展的产物,而是将其看作生物性驱力的衍生品。在他看来,文化因素的形成与性驱动力的压抑程度密切相关:性驱动力承受的压抑程度越大,文化发展水平也就越高。当被极端压制的性驱动力长期得不到释放,神经症就随之产生了。换句话说,文明进程的演变注定意味着性驱动力遭受的压抑越来越强烈,神经症案例的猛增恰恰是人类文明需要承担的发展代价。

从表面上看，这个理论似乎为当代社会普遍存在的焦虑问题提供了解答，但问题在于理论背后的逻辑链条。弗洛伊德理论的存在是基于生物性而非人格的决定因素，简单来说，我们的一切行为都是受到口唇、肛门、生殖器等性欲望的直接驱动。至于不同个体乃至文明间的差异，同样是性驱动力压抑程度不同所导致的。

截至今日，并未有任何人类及历史学的研究发现能证明两者间的直接联系。而弗洛伊德之所以在文化发展与性驱动力压抑程度之间建立了错误推论，既包含着社会学的认知不足，也有片面注重量变而非质变的问题。事实上，一旦将两种没有关联的事物强行放置在理论框架下，哪怕在量变上确实存在着高度相似性，得出的结论也必然是错误的。而被弗洛伊德所忽略的质变，其实是个体倾向在社会文化语境下形成的矛盾冲突，这与性驱动力没有任何联系。相较于弗洛伊德理论中性驱动力的先天性质，文化对神经症的形成则是随着时间和经历的积累而逐渐产生影响。虽然对社会学远远谈不上精通，但我在此还是想简要介绍部分社会文化对神经症的影响要素。

作为高度现代化社会的重要特征，无处不在的竞争关系是每个人必须面对的话题。要想取得必要的生存资源以及欲望的满足，我们就不得不参与到社会竞争中来，尽可能多地占据资源。在这种情况下，利益的获取就必然伴随着另一方的利益受损，而职场和生活中的所有人都可能成为未来的竞争对手，这在无形间增强了我们的防备与敌对意识。尤其是在职场领域，笔挺的装束和职业化的礼貌氛围掩盖着强烈的竞争心理，所有人都渴望成为唯一的胜利者。无论是同性或者异性，事业还是生活，这种前所未有的竞争及敌对感早已入侵到了人际交往的方方面面。而竞争方式也在随着时代变迁产生巨大改变，不仅是纯粹的权力或者财富，就连在派对上的社交能力，异性面前的个人魅力，都成了我们争相比拼的对象。在两性关系中，这种竞争可能是为挑选伴侣附加的炫耀价值，也可能是对关系主导权的争夺；校园生活里，成绩排名和教师的喜爱程度从来都是学生群体最为看重的竞争资本；家庭关系就更是如此，兄弟姐妹对父母关爱的争夺自不必说，父子和母子间也可能会形成竞争关系，导致我们的下一代在儿童阶段就受到了竞争氛围的熏染。在这个问题上，我必须对弗洛伊德做出的伟大贡献表示肯定，他早在俄狄浦斯情结中就阐明了竞争在家庭层面造成的影响。但我仍然需要就弗洛伊德对生物性驱动力的看法予以纠正，这种家庭竞争同样是社会文化的反映，而非作为人类的生物性因素。此外，家庭关系中的竞争与职场、两性等领域并没有任何本质差别，它们都见证了个体人格是如何在其影响下逐渐发生改变。

从儿童时期就成长在竞争氛围中的我们，很容易形成对外界的恐惧：既害怕成为他人宣泄敌对情绪的目标；又担心自己的敌对意识会在释放后遭受他人报复。当我们对竞争有了更深的认识，害怕在竞争中成为失败者便成了另一种恐惧。与前者相比，对失败的恐惧要显得更加具体且真实，它随时随地都在我们身边发生,并且将失败导致的危害摆在了我们眼前。一旦成为失败者,从丧失物质基础到精神层面的自我否定,接踵而至的打击显然是每个人都不愿承受的噩梦。

这正是我们在害怕失败之余渴望追求成功的缘由,它不仅能提供丰厚的物质保障,更能满足个体的自我认同需要。在很多时候,我们会过度在意外界对自己的看法,却忽略了自我评价的重要地位。无论是否能够察觉,我们对自身的评价机制都在潜移默化中发挥着作用。在当今主流社会观念里,成功的内涵早已被贴上了自我奋斗、实现个人价值等标签,以鼓励我们将其作为自我肯定的途径。同样的形态也被运用到了宗教中,例如福报观念、上帝赐予力量等表述。尽管现实并没有想象中的美好,许多成功人士的案例其实都离不开家世、运气,乃至孤注一掷等外在因素,但我们终究无法摆脱社会文化强大的影响力。哪怕表面上对这套价值观念不屑一顾,心理层面的认同却在难以察觉的状态下指引着我们的实际行动。"成功即价值,失败即无用。"这似乎成了整个社会共同遵循的评价标准。

无处不在的竞争,被竞争激发出的敌意,对失败的强烈恐惧,以及裹挟在主流文化里的自我评价机制,种种因素让我们好像生活在空无一人的世界,个体的孤独感扑面而来。不管是否拥有充实的人际交往,与伴侣的感情生活是否幸福,我们谁都无法摆脱这种孤独感的侵袭。尤其是对于那些焦虑和恐惧格外强烈的群体,一旦陷入孤独感之中无法自拔,就会导致极其严重的后果。

作为对孤独的抵御，爱的作用在这时便体现了出来，它帮助我们获得自我肯定的满足感，在充斥着敌意和孤独的生活中为我们提供安全的庇护。但在某些时候，这种生命赐予的美好也并不总是有效，并且会在社会文化的过度美化下产生副作用。不管是文艺作品，还是社会共同认可的价值理念，都把爱当作了解决一切问题的钥匙，这在本质上和过度提倡成功是同样的道理。我从来不否认爱的积极作用，但真正的问题在于，当爱的价值被高估，很容易产生相应的负面影响。在一方面，由于对爱抱有不切实际的幻想，我们会倾向于忽略种种心理问题，于是在发现爱的真实面貌后，不仅面临着期待破灭，更会以脆弱的状态暴露在此前累积的心理问题下；另一方面，对爱的美化会增强我们的依赖心理，进而陷入病态追逐中，也就是所谓"求而不得"的痛苦。

正是这样的文化因素让我们都暴露在神经症的隐患之中，只不过在遭受影响的程度上要比神经症患者轻微许多，不至于破坏正常人格。正如我们经常会对事业发展忧心忡忡，想方设法在他人面前维护自己脆弱的自尊，总是希望被友情和爱情环绕，仿佛能以此逃离孤独。神经症患者其实也是如此，他们彻底失去了自我肯定的能力，将焦虑情绪蔓延到了一切事物，并对爱抱有病态的追求欲望。

我在前文中介绍过，相互冲突的病态倾向是神经症患者产生焦虑感的根源。但当仔细审视所处的文化背景，同样矛盾的取向不也正在影响着我们每个人吗？这便是文化因素对神经症的影响基础，虽然这属于社会学的探讨范围，对其中主要矛盾的理解却也有助于精神分析的开展。

首先需要提及的矛盾倾向在于推崇成功和提倡谦卑之间。我们一面在社会文化对成功的推崇下磨炼出了决绝的竞争意识，随时准备击败任何竞争对手；一面又受制于奉献精神与道德观念，被灌输以保持谦卑、乐于奉献等传统美德。为了应对这种矛盾，我们要么只遵循其中某一种倾向，将竞争或者谦卑贯穿于日常生活，要么在这两种观念间挣扎，而这就会为抑制倾向的形成创造充分的空间。

受到消费主义的影响，我们的价值观早已被"物质至上""现代生活方式"等思想充斥。越来越多的广告也在无形中将物质消费和自我认同绑定在一起，让我们在物质上错误地寄托了太多的心理预期。而传播媒介的进化又增强了对欲望的刺激，但在鼓吹中形成的欲望却并没有那么容易实现，进而造成了欲望和现实间的巨大落差，这也是另一种文化因素带来的矛盾冲突。

最后，西方文化素来引以为傲的自由意志也是另一种造成矛盾的因素。从接受教育的那一刻开始，我们就被灌输以这样的观点：每个人都是平等、独立、自由的存在，只要对自己抱有充足信心，愿意为梦想不懈奋斗，就能实现渴望的成功。这种思想固然是积极正面的，但倘若将其视为永恒的真理，带来的负面影响往往会难以估量。事实上，真正能供我们自由选择的空间是相当有限的，我们既无法决定与生俱来的天赋、相貌、家庭，也会在职业和伴侣选择上受到外界的影响。即便是日常的娱乐方式，不也是受到主流趋向的影响吗？这显然与我们接受的观念产生了冲突，导致我们在相信自由意志和感到无能为力的两种状态间游离。

这些相互冲突的文化因素正是神经症患者竭力希望摆脱的，他们在违逆和顺从间迷茫，在自我实现和自我否定间摇摆，既渴望追求爱、权力与地位，又害怕变得一无所有，被所有人抛弃。他们和正常群体唯一的区别在于，正常人能够依靠自身力量对这些矛盾进行调和，将其影响控制在适当范围内。而神经症患者的内在冲突早已超出了可控程度，导致他们在人格上走向病态。

在正常群体和神经症患者之间，通常存在着两个方面的诱导介质，其中之一是对影响我们的文化冲突高度敏感，夸大了个体无能为力的消极意识；其二是无法正确排解遭遇的某些个人经历，尤其是在童年阶段的心理创伤。这些问题在难以解决的同时，也会对正常人格造成较大影响。因此，考虑到文化因素扮演的重要角色，我们可以把神经症患者理解为当今时代的必然产物。滚滚长江东逝水，浪花淘尽英雄。一壶浊酒喜相逢，古今多少事，都付笑谈中。是非成败转头空，青山依旧在，几度夕阳红。滚滚长江东逝水，浪花淘尽英雄。一壶浊酒喜相逢，古今多少事，都付笑谈中。

白发渔樵江渚上，惯看秋月春风。是非成败转头空，青山依旧在,几度夕阳红。一壶浊酒喜相逢,古今多少事,都付笑谈中。白发渔樵江渚上,惯看秋月春风。滚滚长江东逝水,浪花淘尽英雄。一壶浊酒喜相逢,古今多少事,都付笑谈中。

一壶浊酒喜相逢,古今多少事,都付笑谈中。

白发渔樵江渚上,惯看秋月春风。一壶浊酒喜相逢,古今多少事,都付笑谈中。

白发渔樵江渚上,惯看秋月春风。

是非成败转头空,青山依旧在,几度夕阳红。白发渔樵江渚上,惯看秋月春风。是非成败转头空,青山依旧在,几度夕阳红。滚滚长江东逝水,浪花淘尽英雄。

一壶浊酒喜相逢,古今多少事,都付笑谈中。

是非成败转头空,青山依旧在,几度夕阳红。是非成败转头空,青山依旧在,几度夕阳红。白发渔樵江渚上,惯看秋月春风。是非成败转头空,青山依旧在,几度夕阳红。白发渔樵江渚上,惯看秋月春风。